电力行业职业能力培训教材

# 《电力行业无人机巡检作业人员培训考核规范》
# （T/CEC 193-2018）辅导教材

中国电力企业联合会技能鉴定与教育培训中心
中电联人才测评中心有限公司    组编

王 剑 刘 俍 主编

中国电力出版社
CHINA ELECTRIC POWER PRESS

# 内 容 提 要

本书为《电力行业无人机巡检作业人员培训考核规范》（T/CEC 193—2018）的配套教材，详细阐述了电力行业从事无人机巡检作业人员的能力培训模块及能力项内容，旨在为无人机巡检作业人员培训提供标准化培训教材，规范电力行业无人机巡检作业人员专业能力培训和评价内容，完善电力行业无人机作业技能培训体系，全面提升无人机巡检作业人员实际应用技能水平。

本书为电力行业无人机巡检作业人员能力等级考试必备教材，可作为巡检领域专业人员岗位培训、取证的辅导用书，也作为无人机巡检技能竞赛学习参考用书以及广大无人机爱好者和院校相关专业师生阅读参考书。

**图书在版编目（CIP）数据**

《电力行业无人机巡检作业人员培训考核规范》（T/CEC 193—2018）辅导教材 / 王剑，刘俍主编；中国电力企业联合会技能鉴定与教育培训中心，中电联人才测评中心有限公司组编. —北京：中国电力出版社，2020.6 （2023.3重印）
ISBN 978-7-5198-4548-3

Ⅰ.①电… Ⅱ.①王…②刘…③中…④中… Ⅲ.①无人驾驶飞机–应用–输电线路–巡回检测–岗位培训–教材 Ⅳ.①TM726

中国版本图书馆 CIP 数据核字（2020）第 061050 号

---

出版发行：中国电力出版社
地　　址：北京市东城区北京站西街 19 号（邮政编码 100005）
网　　址：http://www.cepp.sgcc.com.cn
责任编辑：高　芬　罗　艳（010-63412315）
责任校对：黄　蓓　李　楠
装帧设计：张俊霞
责任印制：石　雷

印　　刷：三河市万龙印装有限公司
版　　次：2020 年 6 月第一版
印　　次：2023 年 3 月北京第三次印刷
开　　本：710 毫米×1000 毫米　16 开本
印　　张：11
字　　数：197 千字
印　　数：6001—7000 册
定　　价：78.00 元

# 《电力行业职业能力培训教材》编审委员会

主　　任　张志锋

副 主 任　张慧翔

委　　员　董双武　苏　萍　王成海　徐纯毅　曹爱民

　　　　　周　岩　李　林　孙振权　苏庆民　邵瑰玮

　　　　　马长洁　敬　勇　何新洲　庄哲寅　江晓林

　　　　　郭　燕　马永光　孟大博　蔡义清　刘晓玲

# 本 书 编 写 组

组编单位　中国电力企业联合会技能鉴定与教育培训中心

　　　　　中电联人才测评中心有限公司

主编单位　国网智能科技股份有限公司

　　　　　中能国研（北京）电力科学研究院

　　　　　中国电力科学研究院有限公司

成员单位　国网浙江省电力公司检修分公司

　　　　　国网技术学院

　　　　　国网湖北省电力有限公司技术培训中心

　　　　　广东电网机巡管理中心

　　　　　国网冀北电力有限公司检修分公司

国网山东省电力公司济宁供电公司

国网重庆市电力公司

南方电网科学研究院有限责任公司

内蒙古电力公司

广东电网公司佛山供电局

国网青海省电力公司检修公司

# 本书编写人员名单

主　　编　王　剑　刘　俍

副主编　张　毅　蔡焕青　丁　建　吴　烜

编写人员　魏飞翔　王　丛　张　哲　冯　刚　彭玉金

　　　　　付　晶　郭昕阳　周春丽　韩玉康　周　杰

　　　　　赵云龙　刘　壮　龚　超　陈少宏　许志武

　　　　　彭炽刚　邓承会　王　师

审定人员　侯　飞　张贵峰

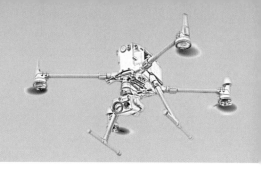

# 序

  为进一步推动电力行业职业技能等级评价体系建设，促进电力从业人员职业能力的提升，中国电力企业联合会技能鉴定与教育培训中心、中电联人才测评中心有限公司在发布专业技术技能人员职业等级评价规范的基础上，组织行业专家编写《电力行业职业能力培训教材》(简称《教材》)，满足电力教育培训的实际需求。

  《教材》的出版是一项系统工程，涵盖电力行业多个专业，对开展技术技能培训和评价工作起着重要的指导作用。《教材》以各专业职业技能等级评价规范规定的内容为依据，以实际操作技能为主线，按照能力等级要求，汇集了运维、管理人员实际工作中具有代表性和典型性的理论知识与实操技能，构成了各专业的培训与评价的知识点，《教材》的深度、广度力求涵盖技能等级评价所要求的内容。

  本套培训教材是规范电力行业职业培训、完善技能等级评价方面的探索和尝试，凝聚了全行业专家的经验和智慧，具有实用性、针对性、可操作性等特点，旨在开启技能等级评价规范配套教材的新篇章，实现全行业教育培训资源的共建共享。

  当前社会，科学技术飞速发展，本套培训教材虽然经过认真编写、校订和审核，仍然难免有疏漏和不足之处，需要不断地补充、修订和完善。欢迎使用本套培训教材的读者提出宝贵意见和建议。

中国电力企业联合会技能鉴定与教育培训中心

2020 年 1 月

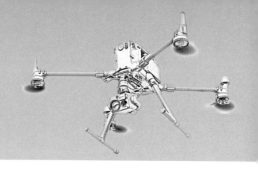

# 前　言

随着社会经济的快速发展和人民生活水平的不断提高,企业和居民用电对电网可靠性的要求越来越高,电网运维工作压力也随之不断增加。近年来,物联网、人工智能、移动互联网等先进技术发展迅速,无人机智能巡检技术在电网运维工作中得到深入应用,已经成为电网设备运行和维护的重要手段。随着电力行业电网运维人员无人机驾驶员执照取证量的逐年增大,为解决无人机巡检专业人才从"会飞"到"会巡",迫切需要加强无人机巡检作业人员巡检技能培训,加快人才队伍建设,构建复合型运检队伍,以人才升级助推电网业务转型升级。

依据《电力行业无人机巡检作业人员培训考核规范》(T/CEC 193—2018),本书详细阐述了电力行业从事无人机巡检作业人员的能力培训模块及能力项内容,旨在为无人机巡检作业人员培训提供标准化培训教材,规范电力行业无人机巡检作业人员专业能力培训和评价内容,完善电力行业无人机作业人员技能培训体系,全面提升无人机巡检作业人员实际应用技能水平。

本书共分为八章,主要内容为无人机巡检概述、无人机巡检电力线路设备及运行要求、无人机运行管理工作、无人机巡检系统概述、无人机飞行操作技术、无人机巡检系统使用与维护保养、无人机巡检作业、缺陷与隐患查找及原因分析。本书紧密结合输配电线路巡检工作现场的实际应用情况,全面系统地论述了无人机巡检技术的原理、无人机作业现场规范应用、无人机巡检专业技能培训及未来展望等。

本书在编写的过程中,得到了国家电网有限公司、中国南方电网有限责任公司、内蒙古电力(集团)有限责任公司等单位领导和专家的大力支持。同时,也参考了一些业内专家和学者的著述,在此一并表示衷心的感谢。

由于编写时间紧,且无人机巡检技术发展迅速,书中难免有不足之处,敬请广大读者给予指正。

编　者
2020 年 5 月

平台·培训·智库　　电力行业人才发展服务平台

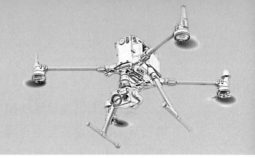

# 目　录

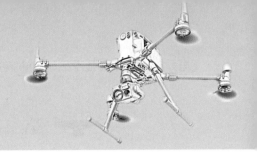

# 第一章

# 无人机巡检概述

##  第一节　无人机巡检应用背景

随着社会经济的快速发展和人民生活水平的不断提高，我国国民经济和居民生活等对电网可靠性的要求越来越高。我国国土幅员辽阔、地形复杂，加上气象条件多变，造成输电线路走廊环境较为复杂，容易发生因雷击、覆冰、山火、外力破坏等因素造成的输电线路缺陷或故障。通过开展输电线路运行维护工作，及时发现缺陷或故障，并进行消除缺陷或恢复故障工作，进而提高电网供电可靠性。

根据中国电力企业联合会 2019 年 1 月公布的"2018 年电力统计年快报基本数据"，2018 年，我国 220kV 及以上输电线路回路长度超过 73.3 万 km。随着我国电网规模的不断发展，输电线路长度逐年增加与运行维护人员数量相对不足之间的矛盾愈发突出。传统的输电线路运维模式，面临着劳动强度大、工作环境艰苦、劳动效率低、成本高等问题，遇到电网紧急故障和异常气候时，线路运维人员在不具备有利的交通条件时，只能利用普通仪器或肉眼来巡视线路，因此传统的输电线路运维模式已无法满足电网快速发展的运维要求，迫切需要自动化、智能化、高效率的输电线路巡检技术和手段。

随着物联网、人工智能、移动互联网等先进技术的发展，输电线路巡检机器人、移动作业终端、无人机等智能巡检技术相继在输电线路运维维护工作中得到应用。无人机巡检具有受地形限制小、巡检效率高、塔头巡检效果好、可快速布署、巡检成本低、操作简单等优点，近年来在我国输电线路巡检中得到了广泛应用，并逐步得到了推广。

## 第二节　无人机巡检发展历程

### 一、国外无人机巡检发展历程

20 世纪 50 年代初期，国外开始出现利用有人直升机开展线路巡检等工作，20 世纪 90 年代末，欧美等发达国家和地区较为广泛地开展了有人直升机巡视、检修及带电作业等。无人机巡检技术的研究主要集中在发达国家，这些国家依托自身先进的无人机技术，在无人机巡检领域处于领先地位。相比于国内仍主要处于硬件的开发层面，发达国家已经关注于后续的图像、数据处理方面的研究。

英国、日本、西班牙、澳大利亚等电力公司和研究机构均开展了相关研究工作（见图 1-1 和图 1-2）。1995 年，英国威尔士大学和英国电力行业贸易协会联合研制了专用于输电线路巡检的小型旋翼无人机，验证了其可行性。

图 1-1　英国威尔士班戈大学与 EA 科技公司合作研制的输电线路巡检飞行机器人　　图 1-2　日本 YAMAHA 公司设计生产的 R-MAX 无人直升机

美国电科院采用成熟的无人机平台搭载摄像机进行巡检试验，能够分辨大尺寸线路设备。澳大利亚航空工业研究机构使用无人直升机搭载立体相机及激光扫描设备，获取周围环境三维模型。

西班牙德乌斯大学利用小孔成像原理，通过导线在像面上的尺寸，检测无人机与线路间的距离，并应用立体视觉原理计算树、线距离，检测树障情况。

日本关西电力公司与千叶大学联合研制了一套架空输电线路无人直升机巡检系统，并通过构建线路走廊三维图像来识别导线下方树木和构筑物。

斯坦福大学的自学习中型无人直升机研究小组和空间机器人试验室，分别基于

X-Cell 和 Thunder Tiger60 模型直升机平台，设计出无人机系统，均已实现了自主起飞、悬停、轨迹跟踪和降落等功能。

西班牙马德里理工大学的 Campoy、Mejias 等致力于计算机视觉技术应用于无人机巡检导航的研究，即利用图像数据处理算法和跟踪技术，在 GPS 的辅助下实现无人机巡检导航。

## 二、国内无人机巡检发展历程

2009 年开始，国家电网有限公司（原国家电网公司）、中国南方电网有限责任公司、内蒙古电力（集团）有限责任公司等相继开展了无人机巡检研究和应用。

无人机应用初期，国内主要有国网山东、福建、辽宁、四川等电力公司从事相关项目的研究。山东电力集团公司电力科学研究院于 2009 年开始无人直升机巡线技术的研究，研制出 ZN-1 与 ZN-2 两套小型无人直升机智能巡检系统样机，并成功应用于多条 500、220kV 输电线路的实地巡线工作，是最早具备工程化应用能力的无人机巡检系统之一，如图 1-3 所示。2011 年，国网山东电力开展了固定翼无人机巡检系统的开发，并在 500kV 光州—大泽线路上进行了试运行，单次巡检里程达到 200km。

(a)　　　　　　　　　　　　　　　　(b)

(c)

图 1-3　国网山东电力研发的无人机巡检系统

（a）ZN-1 无人直升机巡检系统；（b）ZN-2 无人直升机巡检系统；（c）固定翼无人巡检系统

2010 年 11 月，青海超高压公司开展了无人直升机巡检系统在高海拔地区的测试，在海拔约 3100 米地区的飞行试验证实。

辽宁电力公司与沈阳自动化研究所合作，开展 120 公斤级别的无人机巡检系统的研制（见图 1-4）。福建电力公司（见图 1-5）和四川电力公司采用 450kg级无人直升机开发巡检系统，以增加续航时间和抗风能力。

图 1-4　辽宁电力公司研发的无人机巡检系统　　　图 1-5　福建电力公司研发的无人机巡检系统

2013 年 3 月~2015 年 3 月，国家电网有限公司组织国网冀北、山东、湖北等10 家试点单位，中国电科院作为主要技术支撑单位，开展了输电线路直升机、无人机和人工协同巡检模式试点工作，创新输电线路协同巡检新模式；2015 年，开始在各单位推广无人机巡检应用。2018~2019 年，国家电网有限公司组织编制了《架空输电线路无人机智能巡检作业体系建设三年工作计划（2019—2021 年）》，提出了"实现输电线路巡检模式向以无人机为主的协同自主巡检模式转变"的目标，于 2019 年 9 月发布。

2013 年，中国南方电网有限责任公司探索人机协同新型巡检模式，先后印发《输电线路"机巡＋人巡"协同巡检工作指导意见》《"十三五"输电线路"机巡＋人巡"协同巡检推进方案》等纲领性文件。南方电网科学研究院作为主要技术支持单位，各分省公司组建机巡作业中心，建立了专业化人员队伍开展机巡作业。目前各线路运维单位已常态化开展机巡作业，极大程度提升了输电线路精益化运维水平。

内蒙古电力（集团）有限责任公司在 2013~2014 年期间将多旋翼无人机应用到无人机巡检作业中。并逐步探索油动无人机、电动无人机在高海拔地区的无人机应用，规模性的开展无人机精细化巡检作业和无人机激光扫描、无人机自主巡检等作业方式的应用，先后编写制定了 6 项工作标准和 9 项工作流程。2019 年基本完成了下属各单位的无人机班组建设工作，并首次通过直升机、无人机协同方式实现了 220kV 输电线路空中巡检的全覆盖。

# 第三节 我国无人机巡检现状

无人机巡检作为输电智能巡检的重要一环，近年来电力行业各单位正在大力推广无人机巡检业务，无人机巡检已成为输电线路的重要巡检手段之一。应用实践表明，无人机巡检不仅能够发现杆塔异物、绝缘子破损、防振锤滑移、线夹偏移等人工巡检能够发现的缺陷，还能够发现人工难以发现的缺陷，如金具锈蚀、开口销与螺栓螺帽缺失、金具安装错误、均压环错位或变形、雷击闪络故障等，发现缺陷量是人工巡检发现量的 2～3 倍；应用固定翼巡检通道发现缺陷的能力在巡检效率、地形复杂程度（如深山区、冰灾区）适用性方面比人工巡检优势较明显，日巡检量约为人工巡检的 8～10 倍。

## 一、无人机巡检作业应用

无人机可用于输电线路的日常巡检、故障巡检、特殊巡检、检测及辅助检修作业、线路勘察验收等。

1. 日常巡检

（1）设备本体巡检。由于输电线路走廊资源紧张，常常出现输电通道中"多线合一"的通道线路，这种情况下难以实施有人直升机巡检作业。利用多旋翼无人机搭载可见光、红外和紫外传感器等类型任务设备，开展日常巡视工作，可以发现导线、地线、金具和绝缘子等杆塔曲臂以上人工难以发现的细小缺陷，能有效弥补人工在地面巡视不足。相比直升机和人工巡检，无人机巡检机动灵活，几乎可以在任意位置任意角度进行拍摄，巡检盲区很小。

（2）通道巡检。由于固定翼无人机具有飞行速度快、续航时间长等特点，因此适用于输电线路全通道日常巡检，能有效发现输电线路山火点、违章施工作业、导地线覆冰等，可以作为防外力破坏、防山火、监测手段之一。

2. 故障巡检

输电线路发生故障跳闸时，由于杆塔高和金具遮挡，观察角度受限，若采用人工现场故障巡视方式在地面或者登杆检查，由于角度和视线等因素影响，难以快速精准查找到故障点。利用多旋翼无人机开展故障巡视工作，通过重点检查线路通道状况、导地线有无闪络痕迹、断股等现象，检查绝缘子损伤情况、金具损伤情况等，可较为有效查找到故障点，减少人员登杆工作量，进一步提高故障巡视安全性和可靠性。

3. 特殊巡检

输电线路长期在野外环境运行，容易受恶劣气候环境、运行损耗等因素影响发生跳闸或故障，为确保输电线路安全稳定运行，需要对输电线路可能存在的各类安全隐患进行排查。利用多旋翼无人机开展隐患排查工作，可针对输电线路的导地线、绝缘子和金具等部位进行近距离的拍摄，及时发现锈蚀、损坏、缺失等隐患情况，为消除隐患提供技术支撑。

发生地震、台风等自然灾害时，在造成输电线路倒塔、断线的同时，往往也会造成影响区域供电、重大企业停产等严重后果。此时车辆很难进入灾区，采用人工巡查方式无法满足信息的及时性，而旋翼无人机由于续航时间的限制无法快速到达受灾中心区域。使用固定翼无人机可以以较快速度到达受灾线路所在点附近，使用快速对受灾线路及通道开展巡查，及时获取第一手受灾线路图像信息。确保灾害天气发生时能快速有效获得输电线路受灾情况，为后续抢修救灾工作提供信息支持。

4. 检测及辅助检修作业

以往开展输电线路的基建施工、辅助检修、预防性试验检测等工作往往需要登塔作业或采用其他辅助设备，操作较为复杂且效率不高。利用无人机开展输电线路的基建施工、辅助检修、预防性试验检测等作业应用，拓展了无人机作业范围，减轻了作业人员劳动强度，提高了输电线路的作业安全性和运行可靠性。

5. 线路勘察验收

利用多旋翼无人机或固定翼无人机搭载激光雷达、可见光、红外等设备，获取输电线路设备和通道环境的激光点云、影像数据等，融合输电线路工况参数，可以复现电力线路走廊地形地貌、线路走廊地物（树木、房屋、建筑物、交跨物等）、线路杆塔三维位置和模型等，实现各类距离量测和间隙校核、运行工况分析、输电通道三维可视化管理等输电线路勘察应用。

此外，采用无人机搭载倾斜摄影设备，获取可见光、红外等影像数据，可开展输电线路的杆塔倾斜、弧垂检测、金具和导地线施工质量检测等线路验收工作。

**二、应用技术支撑体系**

立足电网巡检应用需求，围绕无人机巡检管理规范与技术标准体系、试验检测体系、人员培训和综合保障等方面，目前各电网公司初步建成技术支撑体系，促进无人机巡检规范化应用。

1. 管理与技术标准体系

各电网公司自 2013 年开始无人机巡检管理和技术标准体系建设，并分阶段实施。截至 2018 年底，已发布实施《架空输电线路无人机巡检作业技术导则》（DL/T 1482—2015）、《架空输电线路无人直升机巡检系统》（DL/T 1578—2016）、《电力行业无人机巡检作业人员培训考核规范》（T/CEC 193—2018）及国家电网公司和南方电网公司企业标准或管理规范文件多项，正在编制行业标准《架空输电线路无人机飞行控制系统通用规范》《架空电力线路固定翼无人机巡检系统》《架空电力线路无人机激光扫描作业规程》《架空电力线路多旋翼无人机巡检系统分类导则》等 4 项。涵盖了技术管理、设备功能及试验检测、作业规范及作业技术、数据处理（缺陷智能识别）和人员培训等方面，初步建成无人机巡检标准体系，有效规范了无人机巡检应用。

《架空输电线路无人直升机巡检系统》（DL/T 1578—2016）系统地提出了无人直升机巡检系统飞行、巡检、测控、抗电磁干扰等技术指标；规范了试验方法及评价标准，实现了试验条件可控，试验方法标准化、试验结果数据化、指标评价定量化。已应用于电力行业，同时扩展应用到光伏、农林等相关行业。

《架空输电线路无人机巡检作业安全工作规程》（Q/GDW 11399—2015）是首个电力行业无人机作业安全工作规程，是规范化开展无人机巡检作业的标准依据。主要规定了无人机巡检作业安全组织管理和技术措施、作业安全要求和技术要求、异常处理等各项规定。

2. 试验检测体系

由于架空输电线路无人机巡检作业的特殊性和行业应用特点，对无人机巡检作业的安全性和可靠性要求较高，进而对无人机巡检系统设备的质量、可靠性和稳定性要求更高，进入电网巡检作业的无人机巡检系统需进行入网性能检测。

2015 年以前，国内未见有针对架空输电线路无人机巡检系统的试验能力。无人机巡检系统试验检测多采用在现场通过肉眼观察的方式进行，存在试验环境不可控，性能评价非科学化和定量化等不足。为此中国电科院牵头制定了 DL/T 1578—2016《架空输电线路无人直升机巡检系统》，并依据该标准建成了国内首个电力无人机巡检技术研究和试验检测能力，具有试验安全风险可控、试验环境条件可控、试验过程标准化和结果评价定量化等特点，改变了以往依靠主观判断无人机性能指标的方式，实现了量化检测的科学化和标准化，并于 2017 年获得了国内电力行业首个无人机巡检系统试验检测 CNAS/CMA 资质，为无人机巡检试验研究和设备选型配置提供了技术手段，保障了无人机巡检系统设备质量。目前南方电网科学研究院、山东电力研究院等单位已陆续取得输电线路无人机 CNAS/CMA 检测资质。

3. 人员培训考核体系

随着各单位无人机巡检推广应用，加快人才队伍建设、强化无人机作业人员培训显得尤为重要。针对电力行业无人机巡检特点和特殊性要求，电力行业提出了无人机作业人员基础技能和专业技能培训相结合的培训模式，全面提升无人机作业人员技能操作水平，推动无人机在电力行业规范应用、有序规模发展。

基础技能由国家相关管理部门中国民航局组织培训及认证，即飞行操作资质培训，具有强制性。专业技能由行业根据作业特点和要求自行制定并实施，电力行业从事无人机巡检作业的人员均需取得专业技能证，其属上岗证性质。全面规范无人机巡检作业的安全要求和技术要求、作业内容、标准化的作业方法、异常情况处置和作业保障、作业数据处理分析等。

为切实提升无人机作业人员专业技能水平，2017 年由中国电力企业联合会牵头、国家电网有限公司、中国南方电网有限责任公司、内蒙古电力（集团）有限责任公司等单位，建设电力行业无人机巡检人员技能培训体系，建立《电力行业无人机巡检作业人员评价考核办法》，主要包括培训标准和教材编制、培评基地认证等方面。编制发布的《电力行业无人机巡检作业人员培训考核规范》（T/CEC 193—2018），是电力行业开展无人机巡检作业人员培训考核及实训基地建设的依据，该标准主要规定了从事无人机巡检作业人员的能力标准及能力评价大纲、能力等级证书及有效期等，适用于应用旋翼无人机和固定翼无人机对电力架空输电线路、架空配电线路和变电一次设备开展巡检作业人员的能力标准和能力等级评价工作，也是无人机巡检作业人员培训应达到的能力标准。

4. 综合保障体系

国家电网有限公司在无人机空域申报和使用管理、巡检作业安全监控、维护保养等综合保障体系方面开展了相关工作。国家电网有限公司 2017 年与空军参谋部航空管制局和下属五大战区空管部门，就无人机作业飞行空域建立了统一空域申请渠道和定期协商机制，制定了《架空输电线路无人机作业空域申请和使用管理办法（试行）》（运检二〔2017〕158 号）等空域管理申报和使用管理办法。

广东电网公司于 2015 年成立广东电网机巡作业中心，2018 年成为中国南方电网有限责任公司机巡作业支持中心和机巡示范基地，负责中国南方电网有限责任公司无人机巡检空域和作业统一调度、数据共享平台、技术攻关及人员培训等智能技术管理应用。

内蒙古电力（集团）有限责任公司于 2019 年首次应用航检管控平台，实现了直升机、无人机巡检作业的全程管理，在计划方案、作业检测、人员管控、作业落实等各方面进行管控，在作业任务完成的基础上，避免同空域直升机无人机交叉作业的风险，提高了安全管控力度。

## 第四节　无人机发展展望

近年来，随着中国工业和经济的迅猛发展，无人机行业逐渐步入快速发展期。目前，无人机已应用在农业、电力、通信、气象、农林、海洋、勘探、影视、执法、救援、快递等专业领域，行业应用场景不断拓展，市场需求持续攀升，根据《2019年中国工业无人机行业市场前景研究报告》，预计2022年中国工业无人机行业市场规模将突破500亿元。伴随着我国低空领域政策逐步开放，以及无人机无线通信频谱制定和试航标准等多项规范的逐步落地，将极大推动行业加快发展，无人机行业应用的市场潜力和发展前景巨大。

当前，我国电网高速发展，总体规模跃居世界首位。随着智能传感、移动互联、人工智能等现代信息技术和先进通信技术的创新应用，无人机技术必将在推动电力行业"工业 4.0"进程中发挥更重要的作用。由于载波相位差分（Real-time kinematic，RTK）、北斗等高精度实时定位技术的逐步成熟，基于精准定位的无人机自主巡检技术已开始应用于输电线路精细化巡检，极大提高了巡检作业效率和质量，无人机巡检朝着装备智能化、作业自主化、数据处理智能化方向发展，逐步实现无人机替代人力，转变电网运检模式，全面提升运检质效，以无人机为主的协同自主智能巡检是无人机应用方向和发展趋势。

无人机在电力行业深入应用，迫切需要加强无人机巡检作业人员培训，加快人才队伍建设，构建复合型运检队伍，以人才升级助推电网业务转型升级。

国家十分重视高技能人才建设工作，为进一步加强职业资格设置实施的监管和服务，2017 年 9 月中华人民共和国人力资源和社会保障部发布了《人力资源社会保障部关于公布国家职业资格目录的通知》建立国家职业资格目录清单管理制度，实行清单式管理。在国家建立技能人员多元化评价机制、畅通技能人员职业发展通道的背景下，为电力行业提出了无人机作业人员基础技能和专业技能培训相结合的培训模式。

电力行业率先探索无人机巡检作业人员技能培训模式，培育符合电网发展的复合型运检人才，建设完善电力行业无人机作业人员技能培训体系，全面提升无人机作业人员实际操作水平，将推动无人机在电力行业规范应用、有序规模发展。

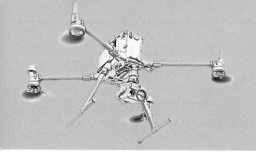

# 第二章

# 无人机巡检电力线路设备及运行要求

## 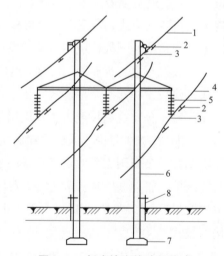 第一节 无人机巡检架空输电线路基础知识

### 一、输电线路概述

电力网在电力系统中起到输送、变换和分配电能的作用，它包括升、降压变压器和各种电压等级的输配电线路。在电力网中，输电线路起到的作用是将发电厂发出的电力送到消费电能的地区，或进行相邻电网之间的电力互送，形成互联电网。

按照敷设形式的不同，电力线路可分为架空输电线路、电力电缆线路。按电压等级的不同，输电线路可分为高压输电线路（220、330kV）、超高压输电线路（500、750、±660kV）和特高压输电线路（1000、±800、±1100kV）。

### 二、架空输电线路构成

架空输电线路主要由杆塔、导线与架空地线（避雷线）、绝缘子、金具、基础等主要元件组成，如图 2-1 所示。

1. 杆塔

杆塔的作用是支撑导线和避雷线，使其对大地、树木、建筑物以及被跨越的电力线路、通信线路等保持足够的安全距离要求，并在各种气象条件下，保证电力线路能够安全可靠地运行。杆塔按其在架空线路中的用途可分为直线杆塔（悬垂杆塔）、耐张杆塔、转角杆塔、终端杆塔、跨越杆塔和换位杆塔等。

图 2-1 架空输电线路的构成

1—架空地线；2—防振锤；3—线夹；4—导线；
5—绝缘子；6—杆塔；7—基础；8—接地装置

（1）直线杆塔（悬垂杆塔）：用在线路的直线段上，以承受导线、避雷线、绝缘子串、金具等重量以及它们之上的风力荷载，一般情况下不会承受不平衡张力和角度力。它的导线一般用线夹和绝缘子串挂在横担下。

（2）耐张杆塔：主要承受导线或架空地线的水平张力，同时将线路分隔成若干耐张段，以便于线路的施工和检修，并可在事故情况下限制倒杆断线的范围，导线用耐张线夹和耐张绝缘子串固定在杆塔上，承受的荷载较大。

（3）转角杆塔：位于线路转角处，杆塔两侧导线的张力不在一条直线上，因而须承受角度合力。

（4）跨越杆塔：位于线路与河流、山谷、铁路等交叉跨越的地方。跨越杆塔也分悬垂型和耐张型两种。当跨越档距很大时，就得采用特殊设计的耐张型跨越杆塔，其高度也较一般杆塔高得多。

（5）终端杆塔：位于线路的首、末端，即变电所进线、出线的第一基杆塔。耐张终端杆塔是一种承受单侧张力的耐张杆塔。

（6）换位杆塔：用于进行导线换位。高压输电线路的换位杆塔分为悬垂型换位杆塔和耐张型换位杆塔两种。

此外，输电线路杆塔按杆塔外形，可分为猫头型、干字型、酒杯型等；按杆塔材料可分为钢筋混凝土杆、角钢塔、钢管塔等。

2. 导线与架空地线（避雷线）

导线用于传导电流，即输送电能，是线路重要组成部分。由于导线架设在杆塔上，要承受自重、风、冰、雨、空气温度变化等的作用，要求具有良好的电气性能和足够的机械强度。常用的导线材料有铜、铝、铝镁合金和钢。导线种类有很多种，目前应用最多的是钢芯铝绞线，其内部为钢绞线，承受机械受力；外部由多股铝线绞制而成，传输大部分电流。为了减小电晕以降低损耗和对无线电等的干扰，以及为了减小电抗以提高线路的输送能力，输电线路多采用分裂导线。输电线路导线类型如图 2-2 所示。

单一金属绞线　　芯铝绞线　　扩径钢芯铝绞线　　空心导线　　钢芯铝包钢绞线
（腔中为蛇形管）

图 2-2　输电线路导线类型

架空地线又称为避雷线，由于避雷线对导线的屏蔽及导线、避雷线间的耦合作用，可以减少雷电直接击于导线的机会。当雷击杆塔时，雷电流可以通过避雷线分流一部分，从而降低塔顶电位，提高耐雷水平。架空地线常采用镀锌钢绞线。近年来，光纤复合架空地线（optical fiber composite overhead ground wire，OPGW）获得了广泛应用，既能起到避雷线的防雷保护和屏蔽作用，又能起到抗电磁干扰的通信作用。

3. 绝缘子

绝缘子用于支持和悬挂导线，并使导线和杆塔等接地部分形成电气绝缘的组件。架空输电线路的导线，是利用绝缘子和金具连接固定在杆塔上的，用于导线与杆塔绝缘的绝缘子，在运行中不但要承受工作电压的作用，还要受到过电压的作用，同时还要承受机械力的作用及气温变化和周围环境的影响，所以绝缘子必须有良好的绝缘性能和一定的机械强度。

通常，绝缘子的表面被做成波纹形的。这是因为：① 可以增加绝缘子的泄漏距离（又称爬电距离），同时每个波纹又能起到阻断电弧的作用；② 当下雨时，从绝缘子上流下的污水不会直接从绝缘子上部流到下部，避免形成污水柱造成短路事故，起到阻断污水水流的作用；③ 当空气中的污秽物质落到绝缘子上时，由于绝缘子波纹的凹凸不平，污秽物质将不能均匀地附在绝缘子上，在一定程度上提高了绝缘子的抗污能力。绝缘子按介质材料分为瓷绝缘子、玻璃绝缘子和合成绝缘子三种，如图2-3所示。

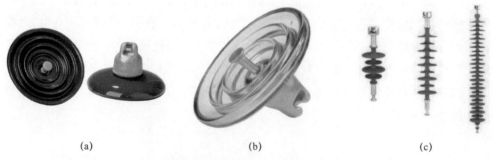

图2-3 输电线路绝缘子类型
（a）瓷绝缘子；（b）玻璃绝缘子；（c）复合绝缘子

（1）瓷绝缘子：使用历史悠久，介质的机械性能、电气性能良好，产品种类齐全，使用范围广。在污秽潮湿条件下，瓷质绝缘子在工频电压作用时绝缘性能急剧下降，常产生局部电弧，严重时会发生闪络；绝缘子串或单个绝缘子的分布电压不均匀，在电场集中的部位常发生电晕，并容易导致瓷体老化，如图 2-4 所示。

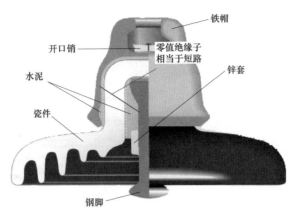

图 2-4 瓷绝缘子结构剖析图

（2）玻璃绝缘子：成串电压分布均匀，具有较大的主电容，耐电弧性能好，老化过程缓慢。自洁能力和耐污性能好，积污容易清扫；由于钢化玻璃的机械强度是陶瓷的 2~3 倍，因此玻璃绝缘子机械强度较高。另外，由于玻璃的透明性，外形检查时容易发现细小裂纹和内部损伤等缺陷。玻璃绝缘子零值或低值时会发生自爆，无需进行人工检测，但自爆后的残锤必须尽快更换，避免因残锤内部玻璃受潮而烧熔，发生断串掉线事故。

（3）复合绝缘子：质量轻、体积小，方便安装、更换和运输。复合绝缘子由伞套、芯棒组成，并带有金属附件，其中，伞套由硅橡胶为基体的高分子聚合物制成，具有良好的憎水性，抗污能力强，用来提供必要的爬电距离，并保护芯棒不受气候影响；芯棒通常由玻璃纤维浸渍树脂后制成，具有很高的抗拉强度和良好的减振性、抗蠕变性以及抗疲劳断裂性；根据需要，复合绝缘子的一端或者两端可以制装均压环。复合绝缘子属于棒性结构，内外极间距离几乎相等，一般不发生内部绝缘击穿，也不需要零值检测。但复合绝缘子抗弯、抗扭性能差，承受较大横向应力时，容易发生脆断；伞盘强度低，不允许踩踏、碰撞。

此外，绝缘子按结构分为盘形和棒形等；按造型分为普通型、防污型等。

4. 金具

在架空输电线路中，电力金具是连接和组合电力系统中各种装置，起到传递机械负荷、电气负荷及某种防护作用的金属附件。

常用的架空输电线路金具介绍如下：

（1）悬垂线夹：将导线悬挂至悬垂串组或杆塔的金具，如图 2-5 所示。主要有 U 型螺丝式悬垂线夹、带 U 型挂板悬垂线夹、带碗头挂板悬垂线夹、防晕型悬垂线夹、钢板冲压悬垂线夹、铝合金悬垂线夹、跳线悬垂线夹、预绞式悬垂线夹等。

图 2-5 悬垂线夹

（2）耐张线夹：用于固定导线，以承受导线张力，并将导线挂至耐张串组或杆塔上的金具，如图 2-6 所示。主要有铸铁螺栓型耐张线夹、冲压式螺栓型耐张线夹、铝合金螺栓型耐张线夹、楔型耐张线夹、楔型 UT 型耐张线夹、压缩型耐张线夹、预绞式耐张线夹等。

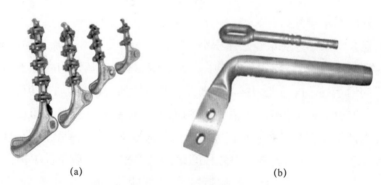

(a)  (b)

图 2-6 耐张线夹

（a）铸铁螺栓耐张线夹；（b）压缩型耐张线夹

（3）连接金具：用于将绝缘子、悬垂线夹、耐张线夹及保护金具等连接组合成悬垂或耐张串组的金具，如图 2-7 所示。主要有球头挂环、球头连棍、碗头挂板、U 型挂环、直角挂环、延长环、U 型螺丝、延长拉环、平行挂板、直角挂板、U 型挂板、十字挂板、牵引板、调整板、牵引调整板、悬垂挂轴、挂点金具、耐张联板支撑架、联板等。

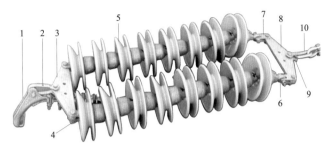

图 2-7 110kV 耐张双串绝缘子串

1—耐张线夹；2—U 型挂环；3—联板；4—双联碗头；5—绝缘子；6—球头挂环；

7—直角挂板；8—联板；9—U 型挂环；10—延长环

（4）接续金具：用于两根导线之间的接续，并能满足导线所具有的机械及电气性能要求的金具。主要有螺栓型接续金具、钳压型接续金具、爆压型接续金具、液压型接续金具、预绞式接续金具等。

（5）保护金具：用于对各类电气装置或金具本身，起到电气性能或机械性能保护作用的金具。主要有预绞式护线条、铝包带、防振锤、间隔棒、悬重锤、均压环、屏蔽环、均压屏蔽环等。

5. 基础

杆塔基础是指架空电力线路杆塔地面以下部分的设施。其作用是保证杆塔稳定，防止杆塔因承受导线、冰、风、断线张力等的垂直荷重、水平荷重和其他外力作用而产生的上拔、下压或倾覆。杆塔基础一般分为混凝土电杆基础和铁塔基础。

（1）混凝土电杆基础：一般采用底盘、卡盘、拉盘（俗称三盘）基础，通常是事先预制好的钢筋混凝土盘，使用时运到施工现场组装，较为方便。

（2）铁塔基础：一般根据铁塔类型、塔位地形、地质及施工条件等实际情况确定。一般采用的基础类型主要有现浇混凝土铁塔基础、装配式铁塔基础、联合基础、掏挖式基础、岩石基础、桩基础等。

此外输电线路还有一些附属设施，主要包含防雷装置、防鸟装置、各种监测装置、标识（杆号、警告、防护、指示、相位等）、航空警示器材、防舞动装置、防冰装置等。

### 三、无人机巡检架空输电线路运行要求

DL/T 741《架空输电线路运行规程》中明确指出，线路的运行工作应贯彻安全第一、预防为主的方针，严格执行电力安全工作规程的有关规定。运行维护单位应全面做好线路的巡视、检测、维修和管理工作，积极采用先进技术和实行科学管理，

不断总结经验、积累资料、掌握规律，保证线路安全运行。

1. 基础、杆塔的运行要求

（1）基础表面水泥不应脱落，钢筋不应外露，装配式、插入式基础不应出现锈蚀，基础周围保护土层不应流失、基础边坡保护距离应满足 DL/T 5092《（110-500）kV 架空送电线路设计技术规程》的要求。

（2）杆塔的倾斜、杆（塔）顶挠度及横担的歪斜程度不应超过表 2-1 的规定。

表 2-1　　　　　　杆塔倾斜、杆（塔）顶挠度及横担歪斜最大允许值

| 类别 | 钢筋混凝土电杆 | 钢管杆 | 角钢塔 | 钢管塔 |
| --- | --- | --- | --- | --- |
| 直线杆塔倾斜度（包括挠度） | 1.5% | 0.5%（倾斜度） | 0.5%（50m 及以上高度铁塔）<br>1.0%（50m 以下高度铁塔） | 0.5% |
| 直线转角杆最大挠度 | | 0.7% | | |
| 转角和终端杆 66kV 及以下最大挠度 | | 1.5% | | |
| 转角和终端杆 110～220kV 最大挠度 | | 2% | | |
| 杆塔横担歪斜度 | 1.0% | | 1.0% | 0.5% |

（3）铁塔主材相邻结点间弯曲度不应超过 0.2%。

（4）钢筋混凝土杆保护层不应腐蚀脱落、钢筋外露，普通钢筋混凝土杆不应有纵向裂纹和横向裂纹，缝隙宽度不应超过 0.2mm，预应力钢筋混凝土杆不应有裂纹。

（5）拉线棒锈蚀后直径减少值不应超过 2mm。

（6）拉线基础埋层厚度、宽度不应减少。

（7）拉线镀锌钢绞线不应断股，镀锌层不应锈蚀、脱落。

（8）拉线张力应均匀，不应严重松弛。

2. 导线和架空地线的运行要求

（1）导线、架空地线不应存在磨损、断股、破股、严重锈蚀、放电损伤外层铝股、松动等。

（2）导线、架空地线表面腐蚀、外层脱落或呈疲劳状态，强度试验值不应小于原破坏值的 80%。

（3）导线、架空地线弧垂不应超过设计允许偏差；110kV 及以下线路为+6.0%、−2.5%；220kV 及以上线路为+3.0%、−2.5%。

（4）导线相间相对弧垂值不应超过以下值：110kV 及以下线路为 200mm；220kV 及以上线路为 300mm。

（5）相分裂导线同相子导线相对弧垂值不应超过以下值：垂直排列双分裂导线100mm；其他排列形式分裂导线220kV为80mm；330kV及以上线路50mm。

（6）OPGW接地引线不应松动或对地放电。

（7）导线对地线距离及交叉距离应符合相关要求。

3. 运行中的绝缘子的要求

（1）瓷绝缘子伞裙不应破损，瓷质不应有裂纹，瓷釉不应烧坏。

（2）玻璃绝缘子不应自爆或表面有裂纹。

（3）棒形及盘形复合绝缘子伞裙、护套不应出现破损或龟裂，端头密封不应开裂、老化。

（4）钢帽、绝缘件、钢脚应在同一轴线上，钢脚、钢帽、浇装水泥不应有裂纹、歪斜、变形或严重锈蚀，钢脚与钢帽槽口间隙不应超标。

（5）盘形绝缘子绝缘电阻330kV及以下线路不应小于300MΩ，500kV及以上线路不应小于500MΩ。

（6）盘形绝缘子分布电压不应为零或低值。

（7）锁紧销不应脱落变形。

（8）绝缘横担不应有严重结垢、裂纹，不应出现瓷轴烧坏、瓷质损坏、伞裙破损。

（9）直线杆塔绝缘子串顺线路方向偏斜角（除设计要求的预偏外）不应大于7.5°，或偏移值不应大于300mm，绝缘横担端部偏移不应大于100mm。

（10）地线绝缘子、地线间隙不应出现非雷击放电或烧伤。

4. 运行中金具的要求

（1）金具本体不应出现变形、锈蚀、烧伤、裂纹，连接处转动应灵活，强度不应低于原值的80%。

（2）防振锤、阻尼线、间隔棒等金具不应发生位移、变形、疲劳。

（3）屏蔽环、均压环不应出现松动、变形，均压环不得装反。

（4）OPGW余缆固定金具不应脱落，接续盒不应松动、漏水。

（5）OPGW预绞线夹不应出现疲劳断脱或滑移。

（6）接续金具不应出现下列任一情况：

1）外观鼓包、裂纹、烧伤、滑移或出口处断股，弯曲度不符合有关规程要求。

2）温度高于导线温度10℃，跳线联板温度高于相邻导线温度10℃。

3）过热变色或连接螺栓松动。

4）金具内严重烧伤、断股或压接不实（有抽头或位移）。

5. 通道巡视要求

通道巡视应对线路通道、周边环境、沿线交跨、施工作业等情况进行检查，及时发现和掌握线路通道环境的动态变化情况。在确保对线路设施巡视到位的基础上，根据线路路径的特点安排巡视，对通道环境上的各类隐患或危险点安排定点检查，对交通不便和线路特殊区段可采用空中巡视或安装在线监测装置等。

## 第二节　无人机巡检架空配电线路基础知识

### 一、配电线路构成

配电线路主要包括杆塔、导线、电缆、金具、绝缘子，柱上、台式配电变压器类，跌落式开关、柱上开关，配电自动化、计量等电气量抽取装置类及辅助配件、设施等。

1. 杆塔

杆塔的主要作用是支撑导线、横担、绝缘子等部件，在各种气象条件下，使导线和导线之间、导线和接地体之间以及导线和大地、建筑物、各种交叉跨越物之间保持足够的安全距离，保证线路安全运行。

按材料分类，杆塔可分为钢筋混凝土杆、铁塔和木杆三种。

（1）钢筋混凝土杆。钢筋混凝土杆具有一定的耐腐蚀性，使用寿命较长，维护量少。与铁塔相比，钢筋混凝土杆造价低，但运输比较困难，在运输、装卸及安装过程中如有不慎，容易产生裂缝。

（2）铁塔。铁塔是用型钢或钢管组装成的立体桁架，可根据工程需要做成各种高度和不同形式的铁塔。铁塔分为型钢塔（如角钢塔）和钢管杆。

（3）木杆。木杆由于容易腐朽，耗用木材，已很少使用。

2. 导线

导线是用于传导电流、输送电能的元件，通过绝缘子固定在杆塔上。导线要有良好的导电性能，足够的机械强度和较好的耐振、抗腐蚀性能。按是否有外绝缘层，导线可分为绝缘导线和裸导线。常见架空导线结构示意图如图2-8所示。

（1）绝缘导线。绝缘导线适用于城市人口密集地区，线路走廊狭窄、架设裸导线路与建筑物的间距不能满足安全要求的地区以及风景绿化区、林带区和污秽严重的地区等。

（2）裸导线。裸导线一般用于中压线路，低压线路已较少采用裸导线。

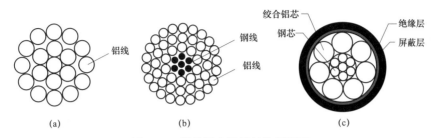

图 2-8　常见架空导线结构示意图

（a）铝绞线；（b）钢芯铝绞线；（c）钢芯铝绞线交联聚乙烯绝缘架空线

绝缘导线的造价高于裸导线，中压架空绝缘线路受雷击后易发生断线事故，故中压架空绝缘线路宜增设防雷击断线设备（如线路避雷器等）。

3. 金具

金具在架空电力线路中，用于支持、固定和接续导线及绝缘子连接成串，也用于保护导线和绝缘子。

4. 拉线

拉线的作用是平衡导线、避雷线的张力，保证杆塔的稳定性，一般用于终端杆、转角杆、跨越杆。为避免线路受强大风力荷载的破坏，或土质松软地区为了增加直线电杆的稳定性，预防电杆受侧向力，直线电杆应视情况加装拉线。

拉线可分为普通拉线、人字拉线、十字拉线、水平拉线、共同拉线、V 形拉线、弓形拉线，如图 2-9 所示。

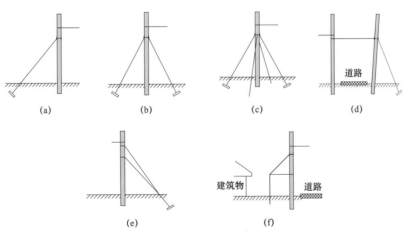

图 2-9　拉线类型

（a）普通拉线；（b）人字拉线；（c）十字拉线；（d）水平拉线；（e）V 形拉线；（f）弓形拉线

拉线材料一般用镀锌钢绞线。拉线上端是通过拉线抱箍和拉线相连接，下部是通过可调节的拉线金具与埋入地下的拉线棒、拉线盘相连接。

## 二、10kV 配电线路主要设备

### 1. 10kV 配电变压器

变压器是采用电磁感应，以相同的频率，在两个绕组之间变换交流电压和电流而传输交流电能的一种静止电器。

按照配电变压器铁芯和绕组的绝缘方式可分为油浸式变压器和干式变压器。

（1）油浸式配电变压器：铁芯和绕组都浸入绝缘油中的变压器。

（2）干式配电变压器：铁芯和绕组都不浸入绝缘液体中的变压器。

为满足防火要求，在民用或公共建筑物内的变压器应选用干式配电变压器；独立建设的配电站内的变压器宜选用油浸式配电变压器，户外台架上的变压器应选用油浸式配电变压器。配电变压器实物图如图 2-10 所示。

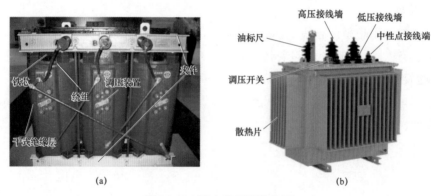

图 2-10　配电变压器实物图
（a）干式配电变压；（b）全密封油浸式配电变压器

### 2. 10kV 户外柱上开关

10kV 户外柱上开关主要包括 10kV 柱上断路器和柱上负荷开关，如图 2-11 所示。柱上开关常用作 10kV 架空线路的主干线、支线的分段开关，用以缩小停电检修的范围。

### 3. 10kV 柱上隔离开关

10kV 柱上隔离开关是在电杆（铁塔）上安装和操作的隔离开关。柱上隔离开关一般配合柱上断路器、柱上负荷开关以及跌落式熔断器使用，拉开后可以形成明显的断开点。实物图如图 2-12 所示。

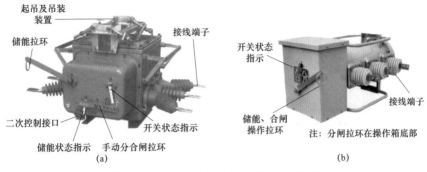

图 2−11 10kV 户外柱上负荷开关实物图

（a）真空柱上开关；（b）SF<sub>6</sub>柱上开关

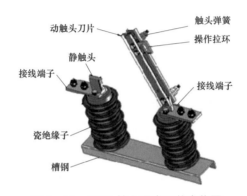

图 2−12 10kV 柱上隔离开关实物图

### 4. 10kV 跌落式熔断器

熔体熔断后，载熔件可自动跌落以提供隔离断口的熔断器称为跌落式熔断器。跌落式熔断器常用作配电变压器的短路和过负荷保护。实物图如图 2−13 所示。

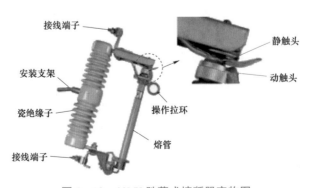

图 2−13 10kV 跌落式熔断器实物图

### 三、无人机巡检配电线路及设备运行要求

1. 无人机巡检架空配电线路运行要求

（1）杆塔和基础运行要求。

1）杆塔不应倾斜、位移，杆塔偏离线路中心不应大于 0.1m，混凝土杆倾斜不应大于 15/1000，铁塔倾斜度不应大于 0.5%（适用于 50m 及以上高度铁塔）或 1.0%（适用于 50m 以下高度铁塔），转角杆不应向内角倾斜，终端杆不应向导线侧倾斜，向拉线侧倾斜应小于 0.2m。

2）混凝土杆不应有严重裂纹、铁锈水，保护层不应脱落、疏松、钢筋外露，混凝土杆不宜有纵向裂纹，横向裂纹不宜超过 1/3 周长，且裂纹宽度不宜大于 0.5mm；焊接杆焊接处应无裂纹，无严重锈蚀；铁塔（钢杆）不应严重锈蚀，主材弯曲度不应超过 5/1000，混凝土基础不应有裂纹、疏松、露筋。

3）基础无损坏、下沉、上拔，周围土壤无挖掘或沉陷，杆塔埋深符合要求。

4）基础保护帽上部塔材无被埋入土或废弃物堆中，塔材无锈蚀、缺失。

5）各部螺丝应紧固，杆塔部件的固定处无缺螺栓或螺母，螺栓无松动等。

6）杆塔无被水淹、水冲的可能，防洪设施无损坏、坍塌。

7）杆塔位置合适，无被车撞的可能，保护设施完好，安全标示清晰。

8）各类标识（杆号牌、相位牌、3m 线标记等）齐全、清晰明显、规范统一、位置合适、安装牢固。

9）杆塔周围无蔓藤类植物和其他附着物，无危及安全的鸟巢、风筝及杂物。

10）杆搭上无未经批准搭挂设施或非同一电源的低压配电线路。

（2）配电线路导线运行要求。

1）导线无断股、损伤、烧伤、腐蚀的痕迹，绑扎线无脱落、开裂，连接线夹螺栓紧固、无跑线现象，7 股导线中任一股损伤深度不应超过该股导线直径的 1/2，19 股及以上导线任一处的损伤不应超过 3 股。

2）三相弛度平衡，无过紧、过松现象，三相导线弛度误差不应超过设计值的 −5%或 +10%，一般档距内弛度相差不宜超过 50mm。

3）导线连接部位良好，无过热变色和严重腐蚀，连接线夹无缺失。

4）跳（挡）线、引线无损伤、断股、弯扭。

5）导线上无抛扔物。

6）架空绝缘导线无过热、变形、起泡现象。

7）过引线无损伤、断股、松股、歪扭，与杆塔、构件及其他引线间距离符合规定。

（3）铁件、金具、绝缘子、附件运行要求。

1）铁横担与金具无严重锈蚀、变形、磨损、起皮或出现严重麻点，锈蚀表面积不应超过 1/2，特别应注意检查金具经常活动、转动的部位和绝缘子串悬挂点的金具。

2）横担上下倾斜、左右偏斜不应大于横担长度的 2%。

3）螺栓无松动，无缺螺帽、销子，开口销及弹簧销无锈蚀、断裂、脱落。

4）线夹、连接器上无锈蚀或过热现象（如接头变色、熔化痕迹等），连接线夹弹簧垫齐全、紧固。

5）瓷质绝缘子无损伤、裂纹和闪络痕迹，釉面剥落面积不应大于 100mm，合成绝缘子的绝缘介质无龟裂、破损、脱落现象。

6）铁脚、铁帽无锈蚀、松动、弯曲偏斜。

7）瓷横担、瓷顶担无偏斜。

8）绝缘子钢脚无弯曲，铁件无严重锈蚀，针式绝缘子无歪斜。

9）在同一绝缘等级内，绝缘子装设应保持一致。

10）支持绝缘子绑扎线无松弛和开断现象；与绝缘导线直接接触的金具绝缘罩齐全，无开裂、发热变色变形，接地环设置满足要求。

11）铝包带、预绞丝无滑动、断股或烧伤，防振锤无移位、脱落、偏斜。

l2）驱鸟装置、故障指示器工作正常。

（4）拉线巡视的主要内容。

1）拉线无断股、松弛、严重锈蚀和张力分配不匀等现象，拉线的受力角度适当，当一基电杆上装设多条拉线时，各条拉线的受力应一致。

2）跨越道路的水平拉线，对地距离符合 DL/T 5220《110kV 及以下架空配电线路设计技术规程》相关规定要求，对路边缘的垂直距离不应小于 6m，跨越电车行车线的水平拉线，对路面的垂直距离不应小于 9m。

3）拉线棒无严重锈蚀、变形、损伤及上拔现象，必要时应作局部开挖检查。

4）拉线基础应牢固，周围土壤无突起、沉陷、缺土等现象。

5）拉线绝缘子无破损或缺少，对地距离应符合要求。

6）拉线不应设在妨碍交通（行人、车辆）或易被车撞的地方，无法避免时应设有明显警示标示或采取其他保护措施，穿越带电导线的拉线应加设拉线绝缘子。

7）拉线杆应无损坏、开裂、起弓、拉直。

8）拉线的抱箍、拉线棒、UT 型线夹、楔型线夹等金具铁件无变形、锈蚀、松动或丢失现象。

9）顶（撑）杆、拉线桩、保护桩（墩）等无损坏、开裂等现象。

10）拉线的 UT 型线夹无被埋入土或废弃物堆中。

（5）配电线路通道巡视要求。

1）线路保护区内无易燃、易爆物品和腐蚀性液（气）体。

2）无可能被风刮起危及线路安全的物体（如金属薄膜、广告牌、风筝等）。

3）线路附近的爆破工程无爆破手续，其安全措施应妥当。

4）防护区内栽植的树（竹）情况及导线与树（竹）的距离应符合规定，无蔓藤类植物附生威胁安全。

5）不存在对线路安全构成威胁的工程设施（施工机械、脚手架、拉线、开挖、地下采掘、打桩等）。

6）不存在电力设施被擅自移作它用的现象。

7）线路附近不出现高大机械、揽风索及可移动设施等。

8）线路附近无污染源。

9）线路附近河道、冲沟、山坡无变化，巡视、检修时使用的道路、桥梁无损坏，不存在江河泛滥及山洪、泥石流对线路的影响。

10）线路附近无修建的道路、码头、货物等。

11）线路附近无射击、放风筝、抛扔杂物、飘洒金属和在杆塔、拉线上拴牲畜等现象。

12）无在建、已建违反《电力设施保护条例》及《电力设施保护条例实施细则》的建（构）筑物。

13）通道内无未经批准擅自搭挂的弱电线路。

14）无其他可能影响线路安全的情况。

2. 无人机巡检配电变压器运行要求

（1）变压器各部件接点接触良好，无过热变色、烧熔现象，示温片无熔化脱落。

（2）变压器套管清洁，无裂纹、击穿、烧损和严重污秽，瓷套裙边损伤面积不应超过100mm。

（3）变压器油温、油色、油面正常。

（4）各部位密封圈（垫）无老化、开裂，缝隙无渗、漏油现象，配电变压器外壳无脱漆、锈蚀，焊口无裂纹、渗油。

（5）有载调压配电变压器分接开关指示位置应正确。

（6）呼吸器正常，无堵塞，硅胶无变色现象，绝缘罩应齐全完好，全密封变压器的压力释放装置应完好。

（7）标识标示应齐全、清晰，铭牌和编号等完好。

（8）变压器台架高度应符合规定，无锈蚀、倾斜、下沉，木构件有无腐朽，砖、石结构台架有无裂缝和倒塌可能。

（9）引线应无松弛，绝缘良好，相间或对构件的距离应符合规定。

3. 无人机巡检柱上开关设备运行要求

（1）断路器和负荷开关运行要求。

1）外壳无渗、漏油和锈蚀现象。

2）套管无破损、裂纹和严重污染或放电闪络的痕迹。

3）开关的固定应牢固、无下倾，支架无歪斜、松动，引线接点和接地应良好，线间和对地距离应满足要求。

4）各个电气连接点连接应可靠，铜铝过渡应可靠，无锈蚀、过热和烧损现象。

5）气体绝缘开关的压力指示应在允许范围内，油绝缘开关油位正常。

6）开关标识标示，分、合和储能位置指示应完好、正确、清晰。

（2）隔离负荷开关、隔离开关（刀闸）、跌落式熔断器运行要求。

1）绝缘件无裂纹、闪络、破损及严重污秽。

2）熔丝管无弯曲、变形。

3）触头间接触应良好，无过热、烧损、熔化现象。

4）各部件的组装应良好，无松动、脱落。

5）引下线接点应良好，与各部件间距合适。

6）安装应牢固，相间距离、倾角应符合规定。

7）操动机构无锈蚀现象。

8）隔离负荷开关的灭弧装置应完好。

4. 无人机巡检防雷和接地装置运行要求

（1）避雷器本体及绝缘罩外观无破损、开裂，无闪络痕迹，表面无脏污。

（2）避雷器上、下引线连接良好，引线与构架、导线的距离符合规定。

（3）避雷器支架无歪斜，铁件无锈蚀，固定牢固。

（4）带脱离装置的避雷器是否已动作。

（5）防雷金具等保护间隙无烧损、锈蚀或被外物短接，间隙距离符合规定。

（6）接地线和接地体的连接可靠，接地线绝缘护套无破损，接地体无外露、严重锈蚀，在埋设范围内无土方工程。

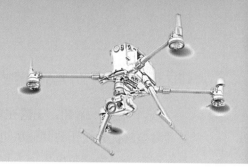

# 第三章

# 无人机运行管理安全工作规程

## 第一节　无人机管理规程

### 一、民用无人机相关管理规程

1. 轻小无人机运行规定（试行）

2015 年 12 月，中国民用航空局飞行标准司发布《轻小无人机运行规定（试行）》（AC−91−FS−2015−31）（简称《运行规定》），明确了民用无人机的定义和分类，引入了无人机云的数据化管理，并分别在无人机驾驶员的操作资质、无人机的飞行空域等方面提出了运行管理要求。

《运行规定》将民用无人机划分为七类，见表 3−1，其中，空机重量和起飞全重小于 0.25kg 的为 I 类无人机；空机重量介于 0.25～4kg、起飞全重介于 1.5～7kg 的为 II 类无人机；空机重量介于 4～15kg、起飞全重介于 7～25kg 为 III 类无人机。按照此分类，电力巡检用无人机主要为 II 类和 III 类无人机。

表 3−1　　　　　　　　　　无 人 机 分 类 等 级

| 分类等级 | 空机重量（kg） | 起飞全重（kg） |
|---|---|---|
| I | $0 < W \leqslant 0.25$ | |
| II | $0.25 < W \leqslant 4$ | $1.5 < W \leqslant 7$ |
| III | $4 < W \leqslant 15$ | $7 < W \leqslant 25$ |
| IV | $15 < W \leqslant 116$ | $25 < W \leqslant 150$ |
| V | 植保类无人机 | |
| VI | 无人飞艇 | |
| VII | 可 100m 之外超视距运行的 I 、II 类无人机 | |

《运行规定》强调，无论在视距内运行，还是在视距外运行，各类民用无人机必须将航路优先权让与其他民用航空器，不能危害到空域的其他使用者和地面上人身财产安全。为避免民用无人机误闯误入，对民用无人机进行数据化管理，《运行规定》要求，Ⅲ、Ⅳ、Ⅵ和Ⅶ类无人机及在重点地区和机场净空区以下运行Ⅱ类和Ⅴ类无人机应安装并使用电子围栏，接入无人机云，定时反馈行为信息给无人机云。

2. 民用无人驾驶航空器系统空中交通管理办法

为进一步规范在民用航空使用空域范围内的民用无人驾驶航空器系统活动，确保飞行安全和地面安全，中国民航局空管行业管理办公室于 2016 年 9 月 21 日发布《民用无人驾驶航空器系统空中交通管理办法》（MD-TM-2016-004）（简称《办法》），2009 年发布的原《民用无人机空中交通管理办法》同时废止。

《办法》在 2009 年的基础上从空域运行安全角度出发，细化了无人驾驶航空器系统在民航使用空域运行评估的制度，由无人驾驶航空器系统运营人会同民航空管单位对空域内的运行安全进行评估并形成评估报告，由管理局对评估报告进行评审。《办法》还明确了评估需要包括无人驾驶航空器系统、飞行活动计划、空管保障措施、驾驶员和观察员、通信控制链路和应急处置程序等方面的内容。通过评估，既为无人驾驶航空器飞行活动创造条件，又能有效控制运行风险，避免其与有人驾驶航空器以及无人驾驶航空器系统之间的运行矛盾，消除其对地面人员和设施安全的影响，特别是能有效保障机场周边净空保护区内的飞行安全。

《办法》中明确指出机场净空保护区以外民用航空使用空域范围以内，飞行高度 120m 以下、水平距离 500m 以内、空机重量 7kg 以下的无人驾驶航空器昼间在视距内的飞行活动，对其他航空器安全影响较小，在不影响地面人员和设施安全的情况下，可不进行专门评估和管理，由运营人保证其飞行安全。由于电力行业无人机均满足上述条件，可以说《办法》进一步放松对电力行业无人机飞行区域的管理。

## 二、无人机驾驶员相关管理规程

1. 民用无人机驾驶员管理规定

2018 年 8 月 31 日，民航局飞标司发布了《民用无人机驾驶员管理规定》（AC-61-FS-2018-20R2），主要内容包括调整监管模式，完善由局方全面直接负责执照颁发的相关配套制度和标准，细化执照和等级颁发要求和程序，明确由行业协会颁发的原合格证转换为局方颁发的执照的原则和方法。

修订后的《民用无人机驾驶员管理规定》明确指出"自 2018 年 9 月 1 日起，民航局授权行业协会颁发的现行有效的无人机驾驶员合格证自动转换为民航局颁发的无人机驾驶员电子执照，原合格证所载明的权利一并转移至该电子执照"。即现行的无人机驾驶员合格证可自动转换为民航无人机驾驶员执照，并且以后执照也将有民航局直接颁发和管理。同时，对于执照有效期及其更新的要求为执照有效期两年，期满前 3 个月可以申请重新颁发执照。如果两年内在优云上累积满 100h，并且期满前 3 个月，累积满 10h，可以免考重新发证。否则需要考试才能重新发证。

2. 民用无人驾驶航空器实名制登记管理规定

2017 年 5 月 16 日下发的《民用无人驾驶航空器实名制登记管理规定》对民用无人机拥有者实施实名制登记。规定指出进行实名登记的无人机为 250g 以上（包括 250g）的无人机，实名登记工作将于 6 月 1 日正式开始，针对已经拥有无人机的个人或单位，实名登记工作需在 2017 年 8 月 31 日前完成。

登记信息包括拥有者的姓名（单位名称和法人姓名）、有效证件、移动电话、电子邮箱、产品型号、产品序号和使用目的等。对于无人机制造商，需要在无人机实名登记系统中填报其产品的名称、型号、最大起飞重量、空机重量、产品类型和无人机购买者姓名/移动电话等信息。在产品外包装明显位置和产品说明书中，提醒拥有者在无人机实名登记系统中进行实名登记，警示不实名登记擅自飞行的危害。

### 三、空域相关管理规程

为了促进通用航空事业的发展，规范通用航空飞行活动，保证飞行安全，根据《中华人民共和国民用航空法》和《中华人民共和国飞行基本规则》，2003 年 5 月，国务院和中央军委联合签发《通用航空飞行管制条例》（简称《条例》），《条例》规定了在中国进行通用航空飞行的基本规则，对从事通用航空飞行活动的单位或个人的资格、申报手续、飞行空域、飞行计划、飞行保障以及法律责任都作出了明确规定。

2013 年 11 月 6 日，中国人民解放军总参谋部、中国民用航空局于发布联合印发《通用航空飞行任务审批与管理规定》（简称《规定》），规范通用航空飞行任务审批与管理。其中，第三条规定国务院民用航空主管部门负责通用航空飞行任务的审批，空军总参谋部和军区、军兵种有关部门主要负责涉及国防安全的通用航空飞行任务的审核。电力无人机作业空域申请因涉及对地拍摄等涉及国防安全的飞行任务范畴，应由空军总参谋部和军区、军兵种有关部门进行任务审批。按照以上法规内容规定，我们可将空域申请流程分为以下三步。

1. 任务审批

《条例》第七条规定从事通用航空飞行活动的单位、个人，根据飞行活动要求，需要划设临时飞行空域的，应当向有关飞行管制部门提出划设临时飞行空域的申请。

（1）任务内容。划设临时飞行空域的申请应当包括下列内容：① 临时飞行空域的水平范围、高度；② 飞入和飞出临时飞行空域的方法；③ 使用临时飞行空域的时间；④ 飞行活动性质等；⑤ 其他有关事项。

（2）审批部门。《条例》第八条规定划设临时飞行空域，按照下列规定的权限批准：① 在机场区域内划设的，由负责该机场飞行管制的部门批准；② 超出机场区域在飞行管制分区内划设的，由负责该分区飞行管制的部门批准；③ 超出飞行管制分区在飞行管制区内划设的，由负责该管制区飞行管制的部门批准；④ 在飞行管制区间划设的，由中国人民解放军空军批准。

（3）审批时限。《规定》第八条规定凡需审批的通用航空飞行任务，申请人应当至少提前13个工作日向审批机关提出申请，审批机关在收到申请后10个工作日内作出批准或不批准的决定，并通知申请人。对执行处置突发事件、紧急救援等任务临时提出的通用航空飞行任务申请，审批机关应当及时予以审批。

《条例》第十条规定临时飞行空域的使用期限应当根据通用航空飞行的性质和需要确定，通常不得超过12个月。

2. 计划申请

《条例》第十二条规定从事通用航空飞行活动的单位、个人实施飞行前，应当向当地飞行管制部门提出飞行计划申请，按照批准权限，经批准后方可实施。

（1）申请内容。《条例》第十三条规定飞行计划申请应当包括下列内容：① 飞行单位；② 飞行任务性质；③ 机长（飞行员）姓名、代号（呼号）和空勤组人数；④ 航空器型别和架数；⑤ 通信联络方法和二次雷达应答机代码；⑥ 起飞、降落机场和备降场；⑦ 预计飞行开始、结束时间；⑧ 飞行气象条件；⑨ 航线、飞行高度和飞行范围；⑩ 其他特殊保障需求。

（2）审批部门。《条例》第十五条规定使用机场飞行空域、航路、航线进行通用航空飞行活动，其飞行计划申请由当地飞行管制部门批准或者由当地飞行管制部门报经上级飞行管制部门批准。使用临时飞行空域、临时航线进行通用航空飞行活动，其飞行计划申请按照下列规定的权限批准：① 在机场区域内划设的，由负责该机场飞行管制的部门批准；② 超出机场区域在飞行管制分区内划设的，由负责该分区飞行管制的部门批准；③ 超出飞行管制分区在飞行管制区内划设的，由负责该管制区飞行管制的部门批准；④ 在飞行管制区间划设的，由中国人民解放军空军批准。

（3）申请时限。《条例》第十六条规定飞行计划申请应当在拟飞行前 1 天 15 时前提出；飞行管制部门应当在拟飞行前 1 天 21 时前作出批准或者不予批准的决定，并通知申请人。执行紧急救护、抢险救灾、人工影响天气或者其他紧急任务的，可以提出临时飞行计划申请。临时飞行计划申请最迟应当在拟飞行 1 小时前提出；飞行管制部门应当在拟起飞时刻 15 分钟前作出批准或者不予批准的决定，并通知申请人。

3. 飞行申请

应当在飞行 1 小时前，向负责飞行计划审批部门提出飞行申请，审批部门在起飞时刻 15 分钟前予以批复。飞行结束时，通报作业结束时间。

以国网公司为例，为规范电力无人机作业飞行空域的申请和使用，保证无人机作业安全有序开展。2017 年 12 月，国家电网运检部（现设备部）组织制定了《架空输电线路无人机作业空域申请和使用管理办法（试行）》（运检二〔2017〕158 号）。按照上述空域申请流程，分为以下三步进行：

（1）任务审批。按照法规中对于空域申请内容的要求，各省（自治区、直辖市）电力公司于每年 11 月 5 日前统一上报无人机年度作业计划及飞行空域申请文件，由相关部门汇总后统一提交至各战区空军参谋部航管处进行审批。空域申请文件内容通常包括作业单位、机型种类、操控方式、作业时间范围、作业区域编号、航线、高度及示意图，应急处置措施，联系人和联系方式等。

（2）计划申请。在批复许可的作业飞行空域内开展无人机作业时，省检修（或省送变电）和地市公司应在作业飞行前 1 天的 15 时前采用电话或传真等方式向作业飞行空域所属飞行管制分区进行作业飞行计划申请。在同一飞行空域范围内且连续多天开展的无人机作业，根据所属飞行管制分区意见可申请常备计划（第一次申报时说明连续工作的起止日期。常备计划申请获批后，无需在每日作业飞行前 1 天的 15 时前申报飞行计划，在作业飞行当天进行飞行动态通报即可）。

（3）飞行申请。现场作业时，班组作业人员应与所属飞行管制分区建立可靠的通信联络，进行飞行动态通报。飞行动态通报一般包括：当日第一次作业飞行前 1 小时，通报飞行准备情况、当日预计作业时间；当日飞行结束时，通报作业结束时间。具体通报时间和内容按空域批复函要求执行。

# 第二节　线路安全工作规程

《电力安全工作规程　电力线路部分》（GB 26859—2011），明确了线路运行与维护、临近带电导线的工作、线路作业、带电作业、计算机开操作票等重点内容，得到了电力行业的普遍认可和生产实践的有效检验，执行情况良好，成为电力生产现场安全管理的最重要规程，是保证人身安全、电网安全和设备安全的最基本要求。

在此基础上，部分电力公司参照国标，编制并发布了适用于公司企业的标准。目前，国家电网有限公司和内蒙古电力（集团）有限责任公司执行《国家电网公司电力安全工作规程　线路部分》（Q/GDW 1799.2—2013），南方电网有限责任公司执行《中国南方电网有限责任公司电力安全工作规程》（Q/CSG 510001—2015）。两个标准均对电力生产场所工作人员的人身安全进行了相关规定，提出了安全组织管理、技术措施、工器具使用、工作票使用、异常处理等要求，其出发点和主要内容具有较高的相似度。

在巡线方面，《电力安全工作规程　线路部分》（GB 26859—2011）规定巡线工作应由有电力线路工作经验的人员担任。在开展无人机巡检作业时，工作班成员应熟悉线路情况、熟悉无人机巡检系统，并具有相关工作经验。当遇有火灾、地震、冰雪、洪水等灾害发生时，应制订必要的安全措施。若不满足无人机巡检系统工作要求或存在较大安全风险，工作负责人可根据情况间断工作、临时中断工作或终结工作。巡线时应始终认为线路带电。工作人员应密切关注无人机巡检系统飞行轨迹是否符合预设航线，当飞行轨迹偏离预设航线时，应立即采取措施控制无人机巡检系统按预设航线飞行，并再次确认无人机巡检系统飞行状态正常可控。

# 第三节　无人机巡检作业安全事项

随着无人机在输电线路巡检作业中的推广应用，无人机电力巡检的安全管理问题开始日益凸显。由于涉及人身、电网、设备安全，一旦出现问题，后果不可估量。无人机的安全问题主要集中在无人机设备故障、人员操作失误、外界因素干扰等方面。为应对无人机电力巡检作业中所存在的安全风险，对无人机巡检作业提出如下安全要求。

## 一、安全条件要求

开展电力无人机巡检作业，应遵循空域申报要求、现场勘察要求、工作单（票）要求、工作许可要求、工作监护要求、工作间断要求、工作票有效期与延期要求、工作终结要求等。

1. 空域申报要求

无人机巡检作业应严格按国家相关政策法规、当地民航军管等要求规范化使用空域。目前我国关于无人机空域管理的规定主要为《民用无人机驾驶航空器系统空中交通管理办法》（MD-TM-2016-004），根据该办法，民用无人机的空域是临时划设，对于禁飞区没有进行明确的说明，只做了原则性的规定，飞行密集区、人口稠密区、重点地区、繁忙机场周边空域为禁飞区。我国对于空域的管理特别是低空空域的管理存在过度的限制。对于空域申请的规定也不甚明确、仍处于摸索和完善中，申请的流程、单位都未作说明，仅规定了向空域管理部门进行申报，由空管部门进行审核。这也导致了因申报流程不明确而不知如何申报或者因为申报程序繁琐就不进行申报。

电力行业在使用无人机完成大量巡检工作任务的同时，也存在"黑飞"现象。无人机"黑飞"不仅危害电力线路的安全运行，还对行业和企业造成较大的社会舆情风险，甚至危害国家安全（如进入国家禁飞区、军事禁飞区等敏感区域）。

因此，电力行业在应用无人机开展线路巡检作业时，工作许可人需根据无人机巡检作业计划，按相关要求办理空域审批手续，并密切跟踪当地空域变化情况。各无人机使用单位应建立空域申报协调机制，满足无人机应急巡检作业时空域使用要求。

2. 现场勘察要求

线路作业具有点多、面广、线长、环境复杂、危险性大等特点，从众多事故案例分析，许多事故的发生，往往是作业人员事前缺乏危险点的勘察与分析，事中缺少危险点的控制措施所致，因此作业前的危险点勘察与分析是一项十分重要的组织措施。

根据工作任务组织现场勘察，现场勘察内容包括核实线路走向和走势、交叉跨越情况、杆塔坐标、巡检区域地形地貌、起飞和降落点环境、交通运输条件及其他危险点等，确认巡检航线规划条件。对复杂地形、复杂气象条件下或夜间开展的无人机巡检作业以及现场勘察认为危险性、复杂性和困难程度较大的无人机巡检作业，应专门编制组织措施、技术措施、安全措施，并履行相关审批手续后方可执行。

3. 工作单（票）要求

为提高预防事故能力，杜绝人为责任事故，开展架空输电线路进行无人机巡检作业时，需填用架空输电线路无人机巡检作业工作单（票）。

工作单（票）的使用应满足下列要求：

（1）一张工作票只能使用一种型号的无人机。使用不同型号的无人机进行作业，分别填写工作票。

（2）一个工作负责人不能同时执行多张工作票。在巡检作业工作期间，工作票始终保留在工作负责人手中。

（3）对多个巡检飞行架次，但作业类型相同的连续工作，可共用一张工作票。

4. 工作许可要求

履行工作许可手续是为了在完成安全措施以后，进一步加强工作责任感，确保万无一失所采取的一种必不可少的"把关"措施。因此，必须在完成各项安全措施之后再履行工作许可手续。

工作负责人在工作开始前向工作许可人申请办理工作许可手续，在得到工作许可人的许可后，方可开始工作。工作许可人及工作负责人在办理许可手续时，应分别逐一记录、核对工作时间、作业范围和许可空域，并确认无误。

工作负责人在当天工作前和结束后向工作许可人汇报当天工作情况。已办理许可手续但尚未终结的工作，当空域许可情况发生变化时，工作许可人应当及时通知工作负责人视空域变化情况调整工作计划。

办理工作许可手续方法可采用当面办理、电话办理或派人办理。当面办理和派人办理时，工作许可人和工作负责人在两份工作票上均应签名；电话办理时，工作许可人及工作负责人需复诵核对无误。

5. 工作监护要求

工作监护是指工作负责人带领工作班成员到作业现场，布置好工作后，对全班人员不间断进行安全监护，是保证人身安全及操作正确的主要措施。

工作许可手续完成后，工作负责人向工作班成员交待工作内容、人员分工、技术要求和现场安全措施等，并进行危险点告知。在工作班成员全部履行确认手续后，方可开始工作。工作负责人应始终在工作现场，对工作班成员的安全进行认真监护，及时纠正不安全的行为，并对工作班成员的操作进行认真监督，确保无人机状态正常航线和安全策略等设置正确。此外，工作负责人还需核实确认作业范围的地形地貌、气象条件、许可空域、现场环境以及无人机状态等满足安全作业要求，若任意一项不满足安全作业要求或未得到确认，工作负责人不得下令放飞。

工作期间，工作负责人因故需要暂时离开工作现场时，应指定能胜任的人员临时代替，离开前将工作现场交待清楚，并告知工作班全体成员。原工作负责人返回工作现场时，也应履行同样的交接手续。若工作负责人必须长时间离开工作现场时，应履行变更手续，并告知工作班全体成员及工作许可人，且原、现工作负责人应做好必要的交接。

6. 工作间断要求

在工作过程中，如遇雷、雨、大风以及其他任何情况威胁到作业人员或无人机的安全，但可在工作单（票）有效期内恢复正常，工作负责人可根据情况间断工作，否则应终结本次工作。若无人机已经放飞，工作负责人应立即采取措施，作业人员在保证安全条件下，控制无人机返航或就近降落，或采取其他安全策略及应急方案保证无人机安全。在工作过程中，如无人机状态不满足安全作业要求，且在工作票（单）有效期内无法修复并确保安全可靠，工作负责人应终结本次工作。

已办理许可手续但尚未终结的工作，当空域许可情况发生变化不满足要求，但可在工作票（单）有效期内恢复正常，工作负责人可根据情况间断工作，否则应终结本次工作。若无人机已经放飞，工作负责人应立即采取措施，控制无人机返航或就近降落。

白天工作间断时，应将无人机断电，并采取其他必要的安全措施，必要时派人看守。恢复工作时，应对无人机进行检查，确认其状态正常。即使工作间断前已经完成系统自检，也必须重新进行自检。隔天工作间断时，应撤收所有设备并清理工作现场。恢复工作时，应重新报告工作许可人对无人机进行检查，确认其状态正常，重新自检。

7. 工作票有效期与延期要求

一般来说，工作票的有效截止时间，以工作票签发人批准的工作结束时间为限。工作票只允许延期一次，若需办理延期手续，应在有效截止时间前 2h 由工作负责人向工作票签发人提出申请，经同意后由工作负责人报告工作许可人予以办理。对于涉及空域审批的工作，还需由工作许可人重新向空管部门提出申请。

8. 工作终结要求

工作终结后，工作负责人应及时报告工作许可人，报告方法可采用当面报告、电话报告。工作终结报告应简明扼要，并包括下列内容：工作负责人姓名、工作班组名称、工作任务（说明线路名称、巡检飞行的起止杆塔号等）已经结束，无人机已经回收，工作终结。

## 二、技术条件要求

1. 航线规划要求

获得空管部门的空域审批许可后，作业人员需严格按照批复后的空域规划航线。在进行航线规划时，应满足以下要求：

（1）作业人员根据巡检作业要求和所用无人机技术性能规划航线。规划的航线避开空中管制区、重要建筑和设施，尽量避开人员活动密集区、通信阻隔区、无线电干扰区、大风或切变风多发区和森林防火区等地区。对于首次开展无人机巡检作业的线段，作业人员在航线规划时应当留有充足裕量，与以上区域保持足够的安全距离。

（2）航线规划时，作业人员应充分预留无人机飞行航时。

（3）无人机起飞和降落区应远离公路、铁路、重要建筑和设施，尽量避开周边军事禁区、军事管理区、森林防火区和人员活动密集区等，且满足对应机型的技术指标要求。

（4）除非涉及作业安全，作业人员不得在无人机飞行过程中随意更改巡检航线。

2. 安全策略设置要求

无人机在飞行过程中，遇到恶劣环境或突发情况，如阵风、遮挡、电子元器件故障等，容易导致飞行轨迹偏离航线、导航卫星颗数无法定位、通信链路中断、动力失效等。出现以上任一种情况，都将危及巡检作业安全，造成无人机坠机或撞击输电线路，甚至引发更大规模的次生危害。

考虑巡检过程中气象条件、空间背景或空域许可等情况发生变化的可能，作业人员在开展无人机巡检作业时，可提前设置合理的安全策略。设置的安全策略主要包括以下几点：

（1）返航策略和应急降落策略。返航策略应至少包括原航线返航和直线返航，可对返航触发条件、飞行速度、高度、航线等进行设置。应急降落策略触发条件可设置。不论固定翼无人机处于何种飞行状态，只要操作人员通过地面控制站或遥控手柄上的特定功能键（按钮）启动一键返航功能，固定翼无人机应中止当前任务，按预先设定的策略返航。

（2）自检功能。自检项目应至少包括飞行控制模块、电池电压量、发动机（电机）工况、遥控遥测信号等。以上任一部件故障，均能进行声、光报警，并且系统锁死，无法起飞。根据报警提示，应能确定故障部件。

（3）安全控制策略。包括若采用弹射起飞，弹射触发启动装置需具备防误操作措施。

通过设置合理的安全策略，可确保作业过程中无人机的飞行安全，并保障作业人员有效地完成检修作业。

3. 航前检查要求

开展无人机巡检作业前，作业人员应确认当地气象条件是否满足所用无人机起飞、飞行和降落的技术指标要求，并掌握航线所经地区气象条件，判断是否对无人机的安全飞行构成威胁。若不满足要求或存在较大安全风险，工作负责人可根据情况间断工作、临时中断工作或终结本次工作。

无人机起、降点应与输电线路和其他设施、设备保持足够的安全距离，风向有利，具备起降条件，设置的航线上应避免无关人员干扰，必要时可设置安全警示区。工作地点、起降点及起降航线上应避免无关人员干扰，必要时可设置安全警示区。作业现场应远离爆破、射击、烟雾、火焰、机场、人群密集、高大建筑、军事管辖、无线电干扰等可能影响无人机飞行的区域，不宜从变电站（所）、电厂上空穿越，且应做好灭火等安全防护措施，严禁吸烟和出现明火，带至现场的油料单独存放。

每次放飞无人机前，作业人员应核实线路名称和杆塔号无误，并对无人机的动力系统、导航定位系统、飞控系统、通信链路、任务系统等进行检查。当发现任一系统出现不适航状态，应认真排查原因、修复，在确保安全可靠后方可放飞。当发生环境恶化或其他威胁无人机飞行安全的情况时，应停止本次作业；若无人机已经起飞，应立即采取措施，控制无人机返航、就近降落，或采取其他安全策略保证无人机安全。

4. 航巡监控要求

开展无人机巡检作业时，作业人员应核实无人机的飞行高度、速度等满足该机型技术指标要求以及巡检质量要求。无人机放飞后，可在起飞点附近进行悬停或盘旋飞行，待作业人员确认系统工作正常后再继续执行巡检任务。若检查发现无人机状态异常，应及时控制无人机降落，排查原因、修复，在确保安全可靠后方可再次放飞。

程控手和操控手应始终注意观察无人机的电机转速、电池电压、航向、飞行姿态等遥测参数，判断系统工作是否正常。如有异常，应及时判断原因并采取应对措施。

采用自主飞行模式时，操控手应始终掌控遥控手柄（使其处于备用状态）并按程控手指令进行操作，操作完毕后向程控手汇报操作结果。在目视可及范围内，操控手应密切观察无人机飞行姿态及周围环境变化，突发情况下，操控手可通过遥控手柄立即接管控制无人机的飞行，并向程控手汇报。

采用增稳或手动飞行模式时，程控手应及时向操控手通报无人机的电机转速、电池电压、航迹、飞行姿态、速度及高度等遥测信息。当无人机飞行中出现链路中断故障，作业人员可先控制无人机原地悬停等候 1～5min，待链路恢复正常后继续执行巡检任务。若链路仍未恢复正常，可采取沿原飞行轨迹返航或升高至安全高度后返航的安全策略。

无人机飞行时，程控手还应密切观察无人机飞行航迹是否符合预设航线。当飞行航迹偏离预设航线时，应立即采取措施控制无人机按预设航线飞行，并再次确认无人机飞行状态正常可控。否则，应立即采取措施控制无人机返航或就近降落，待查明原因，排除故障并确认安全可靠后，方可重新放飞执行巡检作业。在整个操作过程中，各相关作业人员之间应保持信息畅通。

5. 航后检查及维护要求

巡检作业结束后，工作班成员应清理现场，核对设备和工器具清单，确认现场无遗漏，并及时对所用无人机进行检查和维护，对外观及关键零部件进行检查。对于油动力无人机，应将油箱内剩余油品抽出；对于电动力无人机，应将电池取出。取出的油品和电池应按要求妥善保管，并定期进行充、放电工作，确保电池性能良好。

无人机回收后，应按照相关要求放入专用库房进行存放和维护保养。维护保养人员应严格按照无人机正常周期进行零件维修更换和大修保养，定期对无人机进行检查、清洁、润滑、紧固，确保设备状态正常。如长期不用，应定期启动，检查设备状态。若出现异常现象，应及时调整、维修。

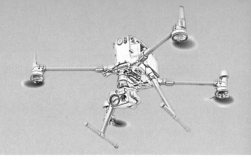

# 第四章

# 无人机巡检系统概述

无人机巡检系统通常是指利用无人机搭载可见光、红外、激光等检测设备，完成架空输电线路巡检任务的无人机系统，本章将从无人机巡检系统组成及技术要求、工作原理等内容进行简要阐述。

## 第一节　无人机巡检系统组成及技术要求

典型的无人机巡检系统是由无人机平台、动力系统、飞控系统、地面站系统、链路系统以及任务载荷系统组成。

### 一、无人机平台

1. 固定翼平台

固定翼（Fixed-wing Aeroplane）平台即日常生活中提到的飞机，是指由动力装置产生前进的推力或拉力，由机体上固定的机翼产生升力，在大气层内飞行的重于空气的航空器。无人机固定翼平台如图4-1所示。

图 4-1　无人机固定翼平台

大部分固定翼无人机结构包含机身、机翼、尾翼、起落架和发动机等，如图 4-2 所示。

垂直起降固定翼是指一种重于空气的无人机，垂直起降时由与直升机、多旋翼类似起降方式或直接推力等方式实现，水平飞行由固定翼飞行方式实现，且垂直起降与水平飞行式可在空中自由转换，常见布局方式如图 4-3 所示。

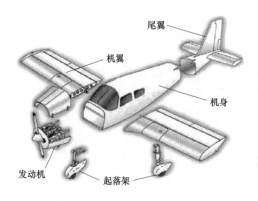

图 4-2　固定翼平台通用结构

图 4-3　垂直起降固定翼平台

2. 旋翼平台

旋翼平台即旋翼航空器（Rotary Wing Aircraft）平台，旋翼航空器是一种重于空气的航空器，其在空中飞行的升力由一个或多个旋翼与空气进行相对运动的反作用获得，与固定翼航空器为相对的关系。现代旋翼航空器通常包括直升机、多旋翼无人机两种类型。

旋翼航空器因为其名称常与旋翼机混淆，实际上旋翼机的全称为自转旋翼机，是旋翼航空器的一种。

（1）直升机。直升机是一种由一个或多个水平旋转的旋翼提供升力和推进力而进行飞行的航空器。直升机具有大多数固定翼航空器所不具备的垂直升降、悬停、小速度向前或向后飞行的特点。这些特点使得直升机在很多场合大显身手。直升机与固定翼飞机相比，其缺点是速度低、耗油量较高、航程较短。无人直升机平台如图 4-4 所示。

（2）多旋翼无人机

多旋翼无人机是一种具有三个及以上旋翼轴的特殊的直升机。其通过每个轴上的电动机转动，带动旋翼，从而产生升推力。旋翼的总距固定，不像一般直升机那样可变。通过改变不同旋翼之间的相对转速，可以改变单轴推进力的大小，从而控制飞行器的运行轨迹。四旋翼无人机平台如图 4-5 所示。

图 4-4　无人直升机平台

图 4-5　四旋翼无人机平台

## 二、动力系统

1. 油动动力系统

活塞式发动机也叫往复式发动机，由气缸、活塞、连杆、曲轴、气门机构、螺旋桨减速器、机匣等组成主要结构。活塞式发动机属于内燃机，它通过燃料在气缸内的燃烧，将热能转变为机械能。活塞式发动机系统一般由发动机本体、进气系统、增压器、点火系统、燃油系统、起动系统、润滑系统以及排气系统构成。民用无人机广泛使用的林巴赫系列活塞式发动机如图 4-6 所示。

图 4-6　林巴赫系列活塞式发动机

早期无人机通常使用活塞发动机作为动力，这类发动机的原理主要为，吸入空气与燃油混合后点燃膨胀，驱动活塞往复运动，再转化为驱动轴的旋转输出。

2. 电动动力系统

出于成本和使用方便的考虑，目前架空输电线路无人机巡检系统普遍使用的是电动动力系统。电动动力系统主要由动力电机、动力电源、调速系统以及螺旋桨四部分组成。无人机电动动力系统构成及作用如图 4-7 所示。

（1）动力电机。无人机使用的动力电机可以分为两类：有刷电机和无刷电机。其中，有刷电机由于效率较低，在无人机领域已逐渐淘汰。无刷直流电机（Brushless DC motor，BLDC）简称为无刷电机，多旋翼无人机常用的是三相无刷外转子电机，

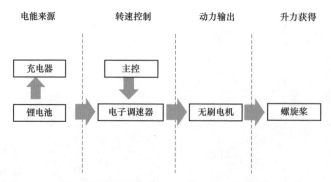

图 4-7　无人机电动动力系统构成及作用

无刷电机是随着半导体电子技术发展而出现的新型机电一体化电机，是现代电子技术、控制理论和电机技术相结合的产物。

1）构成。无刷电机总体由转子与定子共同构成，如图 4-8 所示，转子是指电机中旋转的部分，包括转轴、钕铁硼磁铁、桨叶固定孔；定子主要由硅钢片、漆包线、轴承等构成。

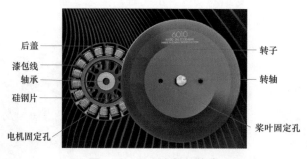

图 4-8　无刷电机的构成

2）无刷电机主要技术参数。

a. 工作电压。无刷电机使用的工作电压较宽，但在限定了负载设备的前提下，会给出其适合的工作电压，当整机系统电压高于额定工作电压时，电机会处于超负荷状态，将有可能导致电机过热乃至烧毁；当整机系统电压低于额定工作电压时，电机会处于低负荷状态，电机功率较低，将有可能无法保障整个无人机系统的正常工作。

b. KV 值。KV 值的概念是指无刷电机工作电压每提升 1V，无刷电机所增加的转速。无刷电机引入了 KV 值的概念，能够了解该电机在不同的电压下所产生的空载转速（即没有安装螺旋桨）。KV 值与转速的公式为：KV 值×电压值=空载转速（每分钟）。如某电机其 KV 值为 130KV，其最大工作电压为 50.4V，可知其最大空载转速为：130KV×50.4V＝6552RPM，其中 RPM 的含义为 r/min，负载越大其实际转速会更低。

c. 最大功率。电机能够安全工作的最大功率，电机的最大功率反映了其对外的输出能力，功率越大的电机其输出能力也更强。关于功率的计算公式：电压×电流＝功率（W），如某电机工作电压为 11.1V，其最大工作电流为 20A，可知其最大功率为：11.1V×20A＝222W。无刷电机不可超过最大功率使用，如果长期处在超过最大功率的情况下，电机将会发热高温乃至烧毁。

d. 电机尺寸。多旋翼无人机采用的无刷电机多采用其内部定子的直径和高度尺寸来定义电机的尺寸，如某无人机电机采用的是 6010 电机，表示的是其电机定子直径为 60mm，高度为 10mm。

e. 最大拉力。最大拉力指该电机在最大功率下所能产生的最大拉力，也直接反映了电机的功率水平。多旋翼无人机要求其所有电机总推力必须大于机身自重一定比例，才能保障无人机的飞行性能和飞行安全。这个比例我们称之为推重比，多旋翼的推重比都必须大于 1，常见的在 1.6～2.5，推重比反映了无人机动力冗余情况，过低的推重比会降低多旋翼无人机的飞行性能以及抗风性。在一定范围内其推重比越低，说明电机的工作强度越高，电机工作效率会不断下降。

以某无人机（机身重量 22.5kg、单电机最大推力 5.1kg、八轴设计）为例，来进行多旋翼无人机推重比的计算，单电机的最大推力为 5.1kg，又已知其为八轴设计，所以其总推力为：5.1kg×8＝40.8kg，由以上可知此无人机的推重比（无人机最大推力除以机身重量）为：40.8÷22.5（标准起飞重量）＝1.81（精确到小数点后两位）。

f. 内阻。电机线圈本身的电阻很小，但由于电机工作电流可以达到几十安或上百安，所以内阻会产生很多的热量，从而降低电机效率。多旋翼使用的无刷电机转速相对较低，所以电流频率也低，可以忽略电流的趋肤效应。因此选择多旋翼动力的时候尽量选择粗线绕制的无刷电机，相同 KV 值的电机漆包线直径越粗，内阻越小，效率更高，并且可以更好地散热。

（2）动力电源。动力电源主要为电动机的运转提供电能。通常采用化学电池来作为电动无人机的动力电源，主要包括镍氢电池、镍铬电池、锂聚合物电池、锂离子动力电池。其中，前两种电池因重量重，能量密度低，现已基本上被锂聚合物电池所取代。

锂聚合物电池（Li—polymer，LiPo）是一种能量密度高、放电电流大的新型电池。同时，锂聚合物电池使用起来相对脆弱，对过充过放都极其敏感，在使用中应该熟练了解其使用性能。锂聚合物电池充电和放电过程，就是锂离子的嵌入和脱嵌过程，充电时锂离子由负极脱离嵌入正极，而在放电时，锂离子脱离正极嵌入负极。一旦锂聚合物电池放电导致电压过低或者充电电压过高，正负极的结构将会发生坍塌，导致锂聚合物电池受到不可逆的损伤。单片锂聚合物电池内部结构如图 4-9 所示。

随着无人机巡检技术的发展，智能电池亦越来越多地出现在人们的视野中，目前部分无人机所使用的智能电池如图 4-10，目前具备的功能有电量显示、寿命显示、电池存储自放电保护、衡充电保护、过充电保护、充电温度保护、充电过电流保护、过放电保护、短路保护、电芯损坏检测、电池历史记录、休眠保护、通信等十三个功能。其中有的功能可以直接通过电池上的 LED 灯有组合的亮和灭来确定电池目前的情况，有的电池功能则需要配合移动设备的 APP 来进行实现，APP 上会实时显示剩余的电池电量，系统会自动分析并计算返航和降落所需的电量和时间，免除时刻担忧电量不足的困扰。智能电池会显示每块电芯的电压，总充放电次数以及整块电池的健康状态等。

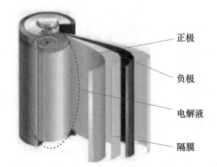

图 4-9　锂聚合物电池内部图

图 4-10　某品牌智能锂电池

电芯的标准标称电压为 3.7V，安全充电的最高电压为 4.20V，高于此电压继续充电将会对电池性能产生损伤。随着电池技术的发展，出现了高压版锂电池，锂聚合物电池由 4.2V 最高电压升至 4.35V。高压版锂电池如图 4-11，提升了电池能量密度。专业无人机厂家目前多采用高压版锂电池来提高无人机的飞行性能。因此电池为 4s 锂聚合物的额定电压为 15.4V，满电电压为 17.4V。

充电器是为动力锂电池进行平衡充电的设备，如图 4-12 所示，区别于一般电池如镍氢及镍镉普遍为仅串充的充电的方式，锂电池充电器都需对电池进行平衡充电，锂电池的平衡头就是专门进行平衡充电的接口。因为锂电池对过放的敏感性，一旦在使用中各片锂电池电芯电压不平衡，就会形成低电压电芯可能过放的风险。

图 4-11 高压版锂电池

图 4-12 平衡充电器及平衡充电头

（3）调速系统。动力电机的调速系统称为电调，全称为电子调速器（ESC）。针对动力电机不同，可分为有刷电调和无刷电调，根据控制信号调节电动机的转速。

1）构成。无刷电调的结构由电源输入线、信号输入线、电调主体、输出端等构成，如图 4-13 所示。

2）无刷电调主要参数

a. 使用电压。使用电压即电调所能使用的电压区间，如某 40A 电调使用电压为 2～6S，也就是说使用电压区间为 7.4～22.2V，"S" 是锂电池一种电压表示方法。需要注意的是，电调的使用电压必须在指定范围内，否则将不能正常工作。

b. 持续工作电流。持续工作电流是电调可以持续工作的电流，超过该电流可能导致电调过热烧毁。某无刷电调的使用参数如图 4-14 所示，该款电调持续工作电流为 20A，那该电调就必须工作在 20A 以内。电调还拥有另外一个参数即最大瞬间电流，指电调可以在短时间内承受高于额定电流一定范围的电流。

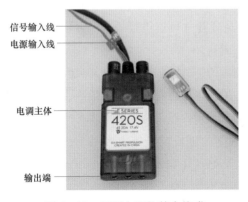

图 4-13 无刷电调的基本构成

图 4-14 某无刷电调的使用参数

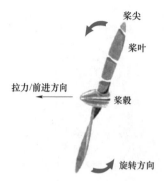

图4-15　桨叶构造图

（4）螺旋桨。螺旋桨将电机的旋转功率转变为无人机的动力，是整个动力系统的最终执行部件。螺旋桨性能优劣对于无人机的飞行效率产生十分重要的影响，直接影响了无人机的续航时间。螺旋桨也简称为桨叶，桨叶构造图如图4-15所示。

螺旋桨分类如下：

1）按材质分类。按材质进行划分，可为塑料桨、碳桨、木桨，如图4-16所示。碳纤维螺旋桨强度高、重量轻、寿命较长，是螺旋桨最好的材料之一，但是其价格是最贵的。木质螺旋桨强度高、性能较好，价格也较高，主要应用于较大型无人机。塑料螺旋桨性能一般，但价格便宜，所以在小型多旋翼无人机得到了大量的应用。

(a)　　　　　　　　(b)　　　　　　　　(c)

图4-16　不同材质与结构的桨叶
(a) 塑料桨；(b) 碳桨；(c) 木桨

2）按结构分类。按结构进行分类，可分为折叠桨与非折叠桨。非折叠桨结构为整体一体成型，而折叠桨左右两侧的桨叶是分开并可以进行折叠。折叠桨的设计初衷主要是为了方便进行折叠方便无人机的运输。

3）按桨叶数分类。螺旋桨的桨叶数增多，其最大拉力也会增大，但效率会降低。单叶桨一般用于高效率竞速机，可避免碰到前叶的尾流，效率最高，但另一端要配平。双叶桨是最常见的桨，效率高，并且容易平衡。三叶桨的效率比双桨的略低，优点是相同拉力的情况下尺寸可以做的更小。四叶桨及以上多用于仿真机或者直升机，四叶桨很少用到。各种桨叶数量的桨如图4-17所示。

## 三、飞控系统

飞行控制系统（简称飞控系统）是无人机完成起飞、空中飞行、执行任务和返场回收等整个飞行过程的核心系统，无人机飞控系统可以分为四大部分：硬件层、软件驱动层、飞行状态感知与控制层、飞行任务层，如图4-18所示。

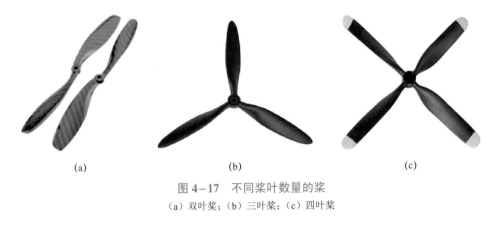

图4-17 不同桨叶数量的桨

（a）双叶桨；（b）三叶桨；（c）四叶桨

图4-18 无人机飞控系统架构

1. 硬件层

硬件层指的是飞控的实体部分，包含主控单元及惯性测量单元、卫星定位模块、指南针模块、指示灯模块、电源管理模块、数据记录模块等各类传感器。主控单元好比电脑的CPU，负责飞控系统所有数据的计算工作。飞控上常用的有陀螺仪、加速度计、磁力计、气压计、GPS及视觉传感器，它们好比人类的眼睛、耳朵、鼻子、皮肤，给人提供了视觉、听觉、嗅觉、触觉，如果失去了这些感觉，无从感知自身的状态位置以及外界环境信息，从而失去了最基本的行动能力。飞控系统上的众多传感器正是起到这些作用，其中陀螺仪测量角速度，加速度计测量加速度（包括重力加速度和运动加速度），磁力计可以测量地球磁场强度，从而求出飞机航向，而气压计测量气压强度，根据特定公式转换成相对高度，最后 GPS 及视觉传感器可以测量出飞机绝对和相对速度/位置信息。

以某主流的飞控器连接示意图为例演示整个飞控系统的连接，如图 4-19 所示。

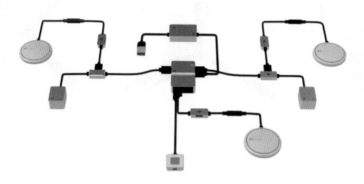

图 4-19　某主流飞控系统连接示意图

惯性测量单元以及卫星定位模块数据经整合后汇入主控；电源管理模块一侧连接主电源，一侧连接主控，对主控进行供电；所有的电子调速器（简称电调，用于控制电机转速的电子元器件）接入主控，电调另外一侧接电机，主控通过对电调的控制进而对整个动力系统进行控制；指示灯模块连接至飞控系统中，为飞控系统的状态提供显示效果，方便操作人员快速了解飞行器状态。

（1）主控单元。主控单元是飞行控制系统的核心，如图 4-20 所示，负责传感器数据的融合计算，实现无人机飞行基本功能。是整个飞控系统的核心，通过它将IMU、GNSS 指南针、遥控接收机等设备接入飞控系统，从而实现无人机的所有功能。除辅助飞行控制外，某些主控器还具备记录飞行数据的黑匣子功能。同时主控单元还可通过后续固件升级获得新功能。

多旋翼无人机一般提供三种飞行模式，分别是 GPS 模式、姿态模式、手动模式。遥控器飞行模式切换开关如图 4-21 所示。

图 4-20　目前主流飞控系统的主控单元

1）GPS 模式。GPS 模式除能自动保持无人机姿态平稳外，还能具备精准定位的功能，在该模式下，无人机能实现定位悬停、自动返航降落等功能。GPS 模式也就是 IMU、GNSS、磁罗盘、气压计全部正常工作，在没有受到外力（如大风）的情况下，无人机将一直保持当前高度和当前位置。此时飞控系统中的控制循环如图 4–22 所示。

图 4–21 遥控器飞行模式切换开关

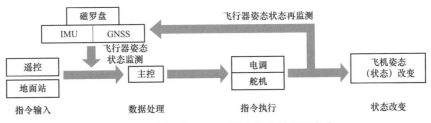

图 4–22 主控单元 GPS 模式的控制循环方式

GPS 模式中，在主控进行数据处理和指令输出时，主控在基于磁罗盘、IMU 和 GNSS 模块提供的环境数据进行指令输出后，需要对无人机输出的姿态和状态进行重新监测，形成一个定位及姿态控制闭环系统，一旦无人机状态（定位信息、航向信息、姿态信息等）与主控模块设定的状态不符，主控则可发出修正指令，对无人机进行状态修正。使得该模式下无人机具有比较强的自体稳定性。

实际上，很多无人机的高级功能都需要 GNSS 设备参与才能完成，如大部分无人机的飞控系统所支持的地面站作业以及返回断航点功能，只有在 GNSS 系统参与的情况下无人机才可获取当前位置信息及目的地位置信息。

GPS 模式也是目前多旋翼无人机使用最多的飞行模式，它在遥控器上的代码通常为"P"。

2）姿态模式。姿态模式能实现自动保持无人机姿态和高度，但不能实现自主定位悬停。主控单元姿态模式的控制循环方式如图 4–23 所示。

姿态模式中，在主控进行数据处理和指令输出时，主控仅基于 IMU 模块提供的环境数据进行指令输出后，对无人机实时的姿态进行监测，形成一个姿态控制闭环系统，无人机姿态信息与主控模块设定的状态不符，主控则可发出姿态修正指令，

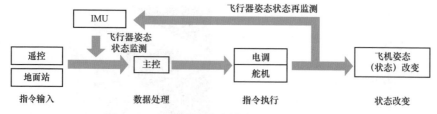

图 4-23 主控单元姿态模式的控制循环方式

对其进行姿态修正。在控制系统中使得该模式下无人机仅具有姿态稳定功能，不具备精准定位悬停功能。

大部分无人机普遍工作在 GPS 模式下，姿态模式只是作为应急时需要操作的飞行模式。

3）手动模式。在手动模式中，主控单元不会对无人机的姿态进行介入控制，仅对无人机姿态执行指令输出。主控单元手动模式的控制循环方式如图4-24所示。

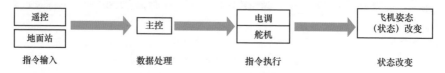

图 4-24 主控单元手动模式的控制循环方式

图 4-25 内置于主控单元中的惯性测量单元

（2）惯性测量单元。惯性测量单元（Inertial Measurement Unit，IMU），包含加速度计、角速度计和气压高度计传感器，用于感应无人机的姿态、角度、速度和高度数据，如图 4-25 所示。

一个 IMU 包含三个以上单轴的加速度计和三个以上单轴的陀螺，加速度计检测物体在载体坐标系统独立三轴的加速度信号，而陀螺检测载体相对于检测角速度信号的导航坐标系，它测量物体在三维空间中的角速度和加速度，并以此解算出物体的姿态，在导航中有着很重要的应用价值。气压计是测量大气压强的设备，通常内置于 IMU 中，是保障无人机飞行高度稳定的传感器。

（3）卫星定位模块。卫星定位模块（Global Navigation Satellite System，GNSS）是全球定位系统，用于确定无人机的方向及经纬度，实现无人机的失控保护、自动返航、精准定位悬停等功能。其中 GPS 是由美国国防部研制建立的一种具有全方位、全天候、全时段、高精度的卫星导航系统，能为全球用户提供低成本、高精度的三维位置、速度和精确定时等导航信息。GNSS 系统能为无人机飞控系统提供的服务有：

1）提供经纬度，使无人机能够获得地理位置信息，从而能够实现定位悬停以及规划航线飞行。

2）提供无人机的高度、速度、时间等信息，对无人机提供信息支持，提高飞行稳定性。

在执行巡检作业过程中，应注意影响 GNSS 信号质量的因素，主要包括电气电磁干扰，无线电、强磁场均会产生不同程度干扰。在城市中，由于高层建筑为垂直拔高，较少存在反射面，会导致 GNSS 信号降低，信号微弱会造成设备飘移。在峡谷中，周围有高山阻挡，因此直接捕获的可能仅仅是头顶上的一到两颗星。

（4）指南针模块。指南针也称为磁罗盘，利用地磁场固有的指向性测量空间姿态角度。磁罗盘在无人机当中的作用也是一样的，负责为无人机提供方位，属于传感器。磁罗盘是无人机正常飞行的前提，所以一定要关注指南针的状态，并根据操作要求及时对磁罗盘进行校正。地磁信号的特点是使用范围大，但是强度较低，甚至不到 1 高斯（电机里面的钕铁硼磁铁磁场可达几千高斯），所以其非常容易受到其他磁体的干扰。铁磁性的物质都会对磁罗盘产生干扰，如大块金属、高压电线、信号发射站、磁矿、停车场、桥洞、带有地下钢筋的建筑等。图 4—26 某电磁信号复杂的大型钢结构厂房，其电磁信号比较复杂，在这样的位置飞行时需谨慎留意磁罗盘的运行状态。

图 4—26　电磁信号复杂的钢结构厂房

另外，不同地区的地磁信号都会有细微差别，在南极、北极地区，磁罗盘甚至无法正常使用。所以当使用多旋翼无人机从一个地点进入到一个较远的地区时，应首先对磁罗盘进行校准，使其能够良好工作。

（5）指示灯模块。指示灯模块（LED）通过显示颜色、快慢频率、次数等，反馈无人机的飞行状态。用于实时显示飞行状态，是飞行过程中必不可少的显示设备，它能帮助飞手实时了解无人机的各项状态，如图 4-27 所示。

（6）电源管理模块。电源管理模块（Power Management Unit，PMU），为整个飞控系统与接收机供电，如图 4-28 所示。

图 4-27　指示灯模块

图 4-28　飞控电源管理模块

（7）数据记录模块。数据记录模块（IOSD）用于存储飞行数据，可以记录无人机在飞行过程的加速度、角速度、磁罗盘数据、高度和无人机的部分操作记录，能帮助无人机在出现故障时，维护人员可对飞行数据进行分析，发现故障原因。

2. 软件驱动层

飞控系统工作时需要和最底层的寄存器打交道，传统的做法是根据单片机手册去正确配置各个寄存器，使其能够按照指定频率工作并驱动各个外设。除此之外，飞控系统还需要和外界进行数据交互，如解析接收机的 PWM/PPM/SBUS 信号，输出 PWM 信号给电调，发送数据给地面站/APP，接收地面站的数据与指令。飞控上常用的数据通信接口有串口和 CAN 等。

3. 飞行状态感知与控制层

飞行状态感知首先是计算飞机在三维空间中的姿态，陀螺仪是最重要的元件。将陀螺仪直接安装在飞机上，使它们处于同一坐标系，测量飞机的旋转角速度，再通过离散化数值积分计算，便能得到某段时间内物体的旋转角度。陀螺仪的优点在于数据精度较高，不会受到外界环境干扰，不依赖任何外部信号，对震动（线性加速度）不敏感；而缺点是只依靠陀螺仪无法确定初始姿态，且由于各种误差的存在（传感器自身误差，积分计算误差等），积分得到角度值会存在累积误差，并随着时间的增加而变大。

为了解决只依靠陀螺仪计算姿态而导致的累积误差和初始状态确定的问题，可采用三轴加速度传感器。三轴加速度传感器主要用于测量加速度，当它静止时，输出重力加速度，而根据三个轴上的重力加速度分量，便能计算出当前飞机相对于地球的姿态角。由于工作原理及制造工艺的影响，通常加速度传感器的噪声比较大，其次加速度传感器对震动非常敏感，轻微的抖动便会引入大量的噪声，最后也是最重要的，实际上，飞机并不是静止的，在飞行的过程中不断变化的运动加速度，均会被加速度计测量到，和重力加速度混合到一起，使得我们无法分辨出准确的重力加速度数值。换句话说，虽然可以直接使用加速度传感器的数据计算出飞机的姿态，但大部分时间内加速度计的数据可信度都很低。

综上所述，陀螺仪的数据短期精度很高，长期存在累积误差，而加速度传感器对于姿态的测量短期精度很低，但长期趋势准确。我们结合这两个传感器的特性，进行数据融合，最终计算得到一个相对精确的姿态值。

当我们计算得到飞机状态信息后，便可以对飞机进行控制，即让飞机按照接收到的指令，往前飞、往后飞、往下飞、往上飞，或悬停在某个地方不动等。多旋翼是一种不稳定的飞行系统，极其依赖电子化的自动控制，要以很高的频率不断调整多个电机的转速，才能稳定飞行器的姿态，而这是单靠人力很难完成的工作。旋翼飞行器上，依靠单片机精确的高速运算，配合电子调速器及高性能无刷动力电机，极大地降低了多旋翼的控制难度和成本。在运行过程中，把计算得到的飞机状态量作为控制器的输入量，从而实现飞机的自动闭环控制。其中包括角速度控制、角度控制、速度控制、位置控制，这几个控制环节使用串联的方式有机结合起来，实时计算得到当前所需的控制量，根据多旋翼的实际控制模型（四轴、六轴或八轴等），转换成每一个电机的转动速度，最终以PWM信号的形式发送给电调，各个控制环节所需频率，从一秒调整数百次到几十次不等。

4. 飞行任务层

在飞行过程中，有一些时候可能没有遥控指令的参与，这时便需要飞机自主完成飞行动作，如自动起飞、自动降落以及遥控器信号失联后的自动返航等。还有许多飞行任务是无法手动完成的，需要预先编写好任务程序，全自动执行。以电力巡检为例，通常需要在地面站软件上设置好巡检区域和参数，软件将自动生成飞行航线，包含飞行路径、飞行速度、飞行高度和拍照间隔等信息，之后这些航线信息将会发送给飞控系统，然后飞控系统进入自动飞行模式，按照航线数据自主飞行，同时控制相机拍照。

### 四、地面站系统

地面站系统（GROUND STATION）也称为任务规划与控制站，它作为整个无人机系统的指挥中心，其控制内容包括飞行器的飞行过程、飞行航迹、有效载荷的任务功能、通信链路的正常工作以及飞行器的发射和回收。任务规划主要是指在飞行过程中，无人机的飞行航迹受到飞行计划指引；控制是指在飞行过程中，对整个无人机系统的各个模块进行控制，按照操作手的预设要求，执行相应的动作。地面站系统的典型功能如下。

（1）姿态控制。地面站在传感器获得相应的无人机飞行状态信息后，通过数据链路将信息数据传输到地面站。计算机处理信息，解算出控制要求，形成控制指令和控制参数，再通过数据链路将控制指令和控制参数传输到无人机上的飞控，通过后者实现对无人机的操控。

（2）机身任务设备数据的显示和控制。有效载荷是无人机任务的执行单元。地面站根据任务要求实现对有效载荷的控制，如拍照、录像、或投放物资等，并通过对有效载荷状态的显示，来实现对任务执行情况的监管。

（3）任务规划、位置监控及航线的地图显示。任务规划主要包括研究任务区域地图、标定飞行路线及向操作员提供规划数据等，方便操作手实时监控无人机状态。

（4）导航和目标定位。在遇到特殊情况时，需要地面站对无人机实现实时的导航控制，使无人机按照安全的路线飞行。

### 五、链路系统

链路系统是无人机系统的重要组成部分，地面控制系统与无人机之间进行的实时信息交换就需要通过通信链路来实现。地面控制系统需要将指挥、控制以及任务指令及时地传输到无人机上，无人机也需要将自身状态（飞行姿态、地面速度、空速、相对高度、设备状态、位置信息等）以及相关任务设备数据发回地面控制系统。

以往的航模无人机当中，地面与空中的通信往往是单向的，也就是地面进行信号发射，空中进行信号接收并完成相应的动作，地面的部分被称为发射机，空中的部分被称为接收机，所以这一类的无人机其通信数据链只有一条，即遥控器上行链路。多旋翼无人机地面操作人员不仅要求能控制无人机，还需要了解无人机的飞行状态以及无人机任务设备的状态，这就要求地面端能够接收多旋翼一端的数据，这就是常见的第二条数据链路，即数传上下行链路。同时无人机系统会回传机载摄像头拍摄的实时图像画面，方便操作手更便捷地了解此时无人机的飞机朝向及进行拍摄构图、记录使用，也形成了第三条图传链路，即图传下行链路。

1. 遥控器链路设备

遥控器与接收机共同构成控制通信链路，如图 4-29 所示。遥控器，也被称为发射机，负责将操作手的操作动作转换为控制信号并发射，接收机负责接收遥控信号。

(a)　　　　　　　　　　　　　　(b)

图 4-29　控制通信链路的基本组成

(a) 遥控器；(b) 接收机

遥控器的信号发射是以天线为中心进行全向发射，在使用时一定要展开天线，保持正确的角度如图 4-30 所示，以获得良好的控制距离和效果。在使用非棒状天线的遥控发射器时，切勿将天线方向垂直对向无人机，此时的遥控信号接收较差。

信号强　　　信号弱

最佳通信范围

图 4-30　平板天线正确使用方式

同一个厂家的同系列产品，其遥控器与接收机是可以互相连通，这个连通的过程就是对频。对频是指将发射机与接收机进行通信对接，在对频之后该接收机即可接收该发射机发射的遥控信号。具体的对频方法，各个无人机品牌互有不同。

2. 图传通信链路设备

图传设备是将无人机所拍摄到的视频传送到地面的设备。常见图传通信链路设备如图4-31所示，主要包括图传电台、地面端显示设备。图像传输系统主要是实现传输可见光视频、红外影像，供无人机操控人员实施操控云台转动到合适角度拍摄输电线路杆塔、通道的高清图像，同时辅助操控人员实时观察无人机飞行状况。

3. 数据通信链路设备

数传电台如图4-32所示，又可称为无线数传电台、无线数传模块，是指实现数据传输的模块。数据通信链路设备组成一般分为地面模块及机载模块。某些品牌遥控器集成了数传电台功能，通过地面模块与机载模块之间发送、接收信号以实现远距离的遥控遥测。

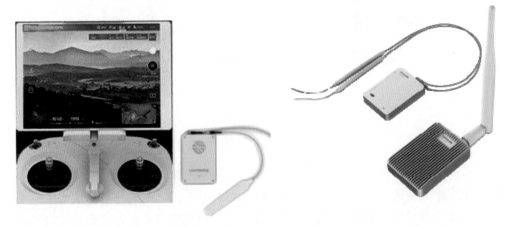

图4-31　常用图传通信链路设备　　　　图4-32　数据电台

## 六、任务载荷系统

任务载荷系统包括任务设备和地面显控单元，任务设备可多样化，一般包括可见光设备、红外设备、激光雷达设备。

1. 可见光设备

可见光设备主要由云台或吊舱、相机共同构成，如图4-33所示。光电摄像机是可见光设备的主要设备，通过电子设备的转动、变焦和聚焦来成像，在可见光谱工作，所生成的图像形式包括全活动视频、静止图片或二者的合成。云台是安装、固定摄像机的支持设备，作用是隔绝机身振动以提高成像质量，并且能够降低因为机身运动幅度过大而造成的画面抖动，最终提升成像质量。吊舱与云台相比，转动范围大、精度高、密闭性好，高质量吊舱对加工精度要求极高，更多考虑无人机的空气动力学特性。在控制指令的驱动下，可实现吊舱对输电线路、杆塔和线路走廊的搜索与定位，同时进行监视、拍照并记录，有些吊舱还具备图像处理功能，实现对被检测设备的跟踪和凝视，可取得更好的检测效果。

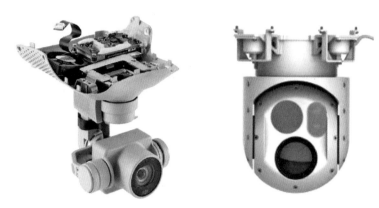

图 4-33 一体化的可见光设备云台与吊舱

光电摄像机通过电子设备的转动、变焦和聚焦来成像，为地面飞行控制人员和任务操控人员提供实时图像数据，同时提供高清静态照片供后期分析输电线路、杆塔和线路走廊的故障和缺陷。

2. 红外设备

目前红外热成像设备在电力巡检中已经得到广泛应用，而利用无人机搭载红外热像仪对线路上的导线接续管、耐张管、跳线线夹、导地线线夹、金具、绝缘子等进行拍摄，分析数据，判断其是否正常，同时进行全程红外跟踪录像，极大地提高了线路巡检的工作效率，降低了设备故障的发生概率，保障了电力生产的安全进行。红外设备及其拍摄效果如图 4-34 所示。

图 4-34 红外设备及其拍摄效果

### 3. 激光雷达设备

无人机机载激光雷达系统是一种主动式对地三维测量技术，因此我们可以使用它昼夜工作。激光雷达（LiDAR）是集激光雷达扫描仪、全球定位系统 GPS、惯性测量单元 IMU、高分辨数码相机于一体的新型主动式快速测量系统，能够快速、精确地获取地表三维空间信息和目标影像。激光雷达吊舱集成各部分如图 4-35 所示。

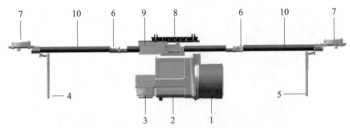

图 4-35　激光雷达设备组成

1—激光雷达扫描仪；2—设备主体，内置惯性导航系统；3—相机（选配）；4—RTK 胶棒天线，用于基站和设备端 GPS 通信；5—ANT 胶棒天线，用于地面电脑端和设备通信，传输各传感器的实时状态；6—折叠件；7—GPS 天线，双天线设计用于快速静态对准；8—挂载结构；9—电池及安装架；10—碳管

其中，激光雷达扫描仪中的测距单元包括激光发射器和接收器，激光发射器产生并发射一束光脉冲，打在物体上并反射回来，最终被接收器所接收由记录单元进行记录。接收器准确地测量光脉冲从发射到被反射回的传播时间。因为光脉冲以光速传播，所以接收器总会在下一个脉冲发出之前收到前一个被反射回的脉冲。鉴于光速是已知的，传播时间即可被转换为对距离的测量。结合激光器的高度，激光扫描角度，从 GPS 得到的激光器的位置和从 IMU 得到的激光发射方向，就可以准确地计算出每个激光点的三维坐标（$X$、$Y$、$Z$），进而得到目标物的三维激光点云数据。激光束发射的频率可以从每秒几个脉冲到每秒几万个脉冲。举例而言，一个频率为每秒一万次脉冲的系统，接收器将会在一分钟内记录六十万个点。

图 4-36　安装有激光雷达的无人机

激光本身具有非常精确的测距能力，其测距精度可达厘米级，而激光雷达系统的精确度除了激光本身因素，还取决于激光、GNSS 及惯性测量单元（IMU）三者同步等内在因素。随着商用 GNSS 系统及 IMU 的发展，通过激光雷达从移动平台上获得高精度的数据已经成为可能并被广泛应用。安装有激光雷达的无人机如图 4-36 所示。

# 第二节 无人机巡检系统工作原理

## 一、无人机动力系统工作原理

无人机动力系统基本工作原理是由动力装置带动螺旋桨旋转,螺旋桨产生前进的推(拉)力或向上的拉力,带动无人机进行飞行。

螺旋桨是最终产生升力的部分,由无刷电机进行驱动,整个无人机最终是因为螺旋桨的旋转而获得升力并进行飞行。在多旋翼无人机中,螺旋桨与电机进行直接固定,螺旋桨的转速等同于电机的转速。无刷电机必须在无刷电子调速器(控制器)的控制下进行工作,它是能量转换的设备,将电能转换为机械能并最终获得升力。电子调速器由电池进行供电,将直流电转换为无刷电机需要的三相交流电,并且对电机进行调速控制,调速的信号来源于主控。电池是整个系统的电力储备部分,负责为整个系统进行供电,而充电器则是地面设备,负责为电池进行供电。

## 二、无人机飞控系统工作原理

无人机飞控系统实时采集陀螺仪、加速度计等各传感器测量的飞行状态数据、接收无线电测控终端传输的由地面站上行链路送来的控制命令及数据,经计算处理,输出控制指令给执行机构,实现对无人机中各种飞行模态的控制和对任务设备的管理与控制;同时将无人机的状态数据及电机、机载电源系统、任务载荷的工作状态参数实时传送给机载无线电数据终端,经无线电下行链路发送回地面站。

## 三、无人机地面站系统工作原理

无人机地面站系统的工作原理主要是利用连接无人机和地面控制人员或信息中心间的数据链路实现对无人机飞行的控制和管理,监视无人机平台的飞行状况,并对多旋翼进行遥控操作。其控制内容包括无人机的飞行过程、飞行航迹、有效载荷的任务功能、通信链路的正常工作以及飞行器的发射和回收。

## 四、无人机链路系统工作原理

无人机链路系统是无人机系统的"神经链路",是连接飞行器和地面控制人员或信息中心的纽带。数据链分为上行数据链(从地面站到无人机)和下行数据链(从无人机到地面站),上行数据链路的主要功能是发送飞行路径数据、任务指令等,然后储存到飞机自动飞行控制系统、任务载荷中。下行数据链路的主要功能是发送飞机的基本参数信息（位置信息、油量等），以及任务载荷所采集的数据到地面站。

数据链路的传输采用无线信号，无线信号容易受大气条件、设备故障、敌方干扰等因素的影响，从而导致无人机失去控制或坠毁。因此卫星数据链、信号中继平台（基站、车、无人机等）常被用于保障数据链的畅通。

无人机链路系统由三个部分组成，分别是数据处理系统、接口处理以及数据处理终端，如图4-37所示。数据处理系统主要任务是实现信息的格式化处理，通常情况下，可以在协处理器中进行数据处理部分，同时可以通过标准数据接口完成与主处理器间的通信，来实现多处理系统中的格式化处理。而在单处理系统中，则相对简单许多，可以由主处理器来直接实现。该部分在接受遥控指令数据以及各种传感器数据后，在进行下一步发放、存储前，进行封装处理。

图4-37  无人机数据链系统简化框图

完成接口与不同数据链之间的转换是接口处理单元的主要任务，通过该部分可以使无人机数据达到共享、一致的效果。而数据处理终端由加解密设备、网络控制器和调制解调器构成，主要是在通信协议的控制下进行数据的处理，该部分也是无人机数据链最为基础与核心的部分。

## 五、无人机载荷系统工作原理

无人机任务荷载可为可见光、红外、紫外等成像设备，也可为激光雷达、挂载模块等，成像设备功能是为地面飞行控制人员和任务操控人员提供实时数据，同时提供高清晰度的静态照片供后期分析输电线路、杆塔和线路走廊的故障和缺陷。挂载模块可实现放线作业时导引绳牵放，以及应急物资投放等功能。

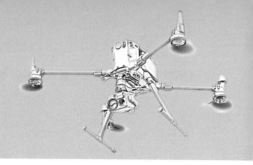

# 第五章

# 无人机操作技术

## 第一节 无人机飞行技术

无人机飞行操作是指无人机操作人员在地面通过无线电链路监督、控制无人机飞行的整个过程,主要包括起降操纵、飞行控制、任务设备(载荷)控制和数据链管理等。通常这个过程在地面控制站内完成,地面控制站内的飞行控制席位、任务设备控制席位、数据链路管理席位都设有相应分系统的操作装置。

无人机飞行操作特指对于无人机飞行的控制操作,其内容包括航线的预设装订、修改、变更,飞行状态监控、指令引导控制、遥控飞行、辅助起降等。

无人机目前应用较为广泛的主要有旋翼类和固定翼类两种类型,下面以多旋翼与固定翼为例进行阐述。

### 一、多旋翼无人机飞行基础

要求熟练掌握主要型号多旋翼无人机飞行操控技能;在距离 20m 处,能以增稳(姿态)和手动两种飞行模式熟练完成定点悬停操作,悬停高度为 5~10m,且水平方向偏差不大于 1.5m,垂直方向偏差不大于 2m;在最小距离 20m 处,能以增稳(姿态)飞行模式熟练完成 4m×4m 正方形双向(顺/逆时针)航线飞行,且水平方向最大偏差不大于 1.5m,标准差不大于 0.75m,垂直方向最大偏差不大于 2m、标准差不大于 1m。

以四旋翼为例,旋翼对称分布在机体的前、后、左、右四个方向,四个旋翼处于同一高度平面,且四个旋翼的结构和半径都相同,四个电机对称的安装在飞行器的支架端,支架中间空间安放飞行控制计算机和外部设备。结构形式如图 5-1 所示。

四旋翼无人机通过调节四个电机转速来改变旋翼转速,实现升力的变化,从而控制飞行器的姿态和位置。其主要的运动形式有垂直运动、俯仰运动、滚转运动、偏航运动、前后运动和侧向运动,运动形式如图 5-2 所示。

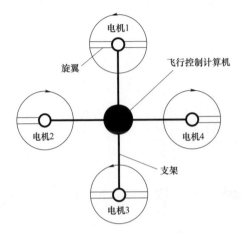

图 5-1　四旋翼无人机结构形式图

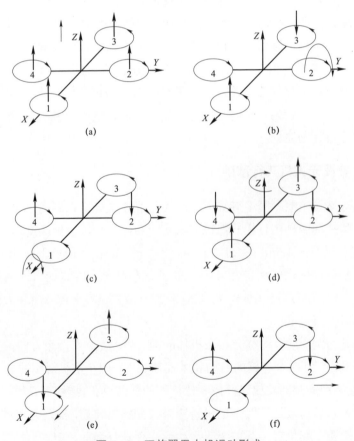

图 5-2　四旋翼无人机运动形式

（a）垂直运动；（b）俯仰运动；（c）滚转运动；（d）偏航运动；（e）前后运动；（f）侧向运动

### 二、固定翼无人机飞行基础

要求掌握主要型号固定翼无人机飞行操控技能；能以全自主和增稳（姿态）两种飞行模式熟练完成 50m×50m 正方形双向（顺/逆时针）航线飞行；熟练掌握全自主飞行模式下定点盘旋操作。

对于垂直起降固定翼机，要求能够完成地面站 50m×50m 方形航线规划，能够以全自主和增稳（姿态）两种飞行模式熟练完成方形双向（顺/逆时针）航线飞行，能够在地面站熟练掌握全自主飞行模式下定点盘旋操作。

相比旋翼类无人机，固定翼无人机在起飞和降落的方式选择上有更大的优越性。常见的起飞方式主要有滑跑起飞、弹射起飞和手抛起飞等，降落方式主要有滑跑降落、伞降、机腹擦地降落和撞网回收等，垂直起降固定翼采用的是新型的垂直起降方式，但无论是哪一种起飞和降落方式，手动控制都是无人机驾驶员必不可少的一项基本能力。如图 5-3 为固定翼无人机的操纵方式。

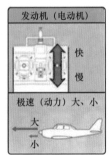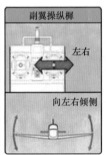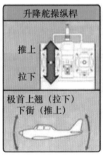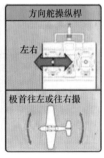

图 5-3 固定翼无人机操纵方式

对于固定翼无人机而言，飞行基本上分起飞、空中转弯和降落三个阶段。起飞和降落无疑是无人机驾驶员操控固定翼无人机最重要的部分，其操作要领为"逆风起飞、逆风降落"。以空中转弯为例说明固定翼无人机的飞行控制原理，如图 5-4 为固定翼无人机转弯操作。

固定翼无人机在空中盘旋时所使用的操控舵有两种，即升降舵和副翼舵。飞机是靠副翼舵来实现左右摆动，并由升降舵来维持盘旋的高度。它并不像车子和船只用方向舵来改变方向。当然，无副翼舵的无人机是用方向舵使机体转弯的。可是，大部分固定翼无人机在打了方向舵之后和机身要进行转弯之前，会有一些时差。也就是说，在操控手打了方向舵之后，隔了一段时间才会看到机体明显的转弯动作。而就飞行的经验来说，使用方向舵来转弯，虽然机身不致于会掉高度，但是往往转

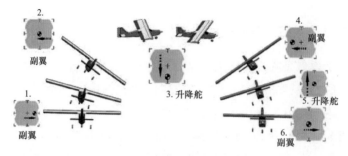

图5-4  固定翼无人机转弯操作

弯半径会很大，使得操控手不太习惯。这点与稍微打一点副翼舵，飞机就会有明显的倾斜，效果是完全不同的。

固定翼无人机飞行中常说的五边航线示意图如图5-5所示。

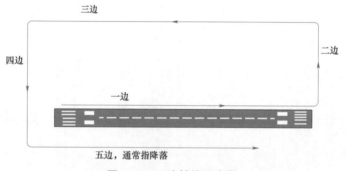

图5-5  五边航线示意图

### 三、多旋翼无人机起降

要求掌握主要型号多旋翼无人机起飞和降落相关操作技能；熟练掌握遥控器一键返航、地面站一键返航等操作技能；在距离 10m 处，能以手动、增稳（姿态）和 GPS 三种飞行模式在直径 2m 圆形区域内熟练完成定点起飞和降落操作。

起飞与降落是飞行过程中首要的操作。在距离无人机 10m 处，解锁飞控，缓慢推动油门等待无人机起飞，防止飞行器由于油门过大而失去控制。无人机起飞后，油门并不是保持不变，而是在无人机到达一定高度后，一般离地面约 1m 后开始降低油门，并不停调整油门大小，必须将油门控制才可以让无人机保证飞行的高度。降落时，降低油门使飞行器缓慢接近地面，离地面约 5～10cm 处稍稍向上推动油门，延缓下降速度，然后继续降低油门直至无人机降落到指定区域内触地（触地后迅速将油门收底）；油门降到最低，飞控自行锁定。相对于起飞来说，降落是一个更为复杂的过程，需要反复练习。

在起降操作中需注意保持无人机的稳定，飞行器摆动幅度不宜过大，否则有螺旋桨触地损坏的可能。在掌握基础的无人机起降外，飞行人员还需掌握以下特殊情况下的起降操控：

（1）能够模拟旋翼无人机在应急情况下的遥控器一键返航或失控保护操作，完成定点降落。

（2）能够模拟旋翼无人机在应急情况下的执行地面站自主起降、一键返航操作，并能够完成定点降落。

### 四、固定翼无人机起降

要求熟练掌握主要型号固定翼无人机起飞和降落相关操作技能。固定翼无人机的起飞方式（发射方式）可归纳为手抛发射、零长发射、弹射发射、起落架滑跑起飞、垂直起飞等类型。现比较常用的是弹射发射与起落架滑跑起飞。对于小型固定翼无人机来说，当起降的风速在 10m/s 以下，风向夹角小于 30°，环境温度在 −40～+50℃ 范围内均能起飞。

固定翼无人机的降落方式可归纳为伞降回收、空中回收、起落架滑跑着陆、拦阻网回收、气垫着陆和垂直着陆回收等类型。有些小型无人机在回收时不用回收工具而是靠机体某部分直接触地回收飞机，采取这种简单回收方式的无人机通常是机重小于 10kg，最大特征尺寸在 3.5m 以下。固定翼的起飞要领：

（1）起飞前必须确认风向，所有飞机起飞均对正向迎风面起飞才有适当的浮力，降落也要正面迎风降落，否则易因风速与机速相同时浮力骤降，造成失速坠毁。

（2）起飞动力一定要够，风大时浮力够，飞机可以轻轻丢出，或是地面起飞时只需 1/2 油门即可浮起，风小时必须加大动力，才会有足够的浮力将飞机浮起。

（3）起飞离地后飞机攻角：飞机起飞后需注意油门大小与飞机上升攻角的搭配（升降舵控制飞机上升的攻角），切勿突然加大飞机上升攻角，易造成飞机失速，初学尽量以小动作控制升降舵将飞机呈现稳定上升状态上升。

（4）注意高度：起飞后注意飞机高度，切勿忽上忽下，宜先将飞机先拉高至安全高度后再开始后续巡航等动作。

（5）起飞离地时需注意随时修正机体副翼动作，有些时候因反扭力造成飞机一离地就往左边偏，反扭力过大时甚至可能一离地就左旋坠毁（需看螺旋桨与马达搭配问题，螺旋桨与飞机翼展比例而言，螺旋桨越大的反扭力越大），适时的左右修正飞机姿态呈现平稳的上升动作。

（6）尾舵控制：一般地面起飞的飞机最好安装尾舵控制动作，地面起飞时先慢慢加油门，然后用尾舵控制机头方向正向逆风方向后，慢慢加大油门，直到起飞速度建立后慢慢拉起升降舵使飞机起飞。

在掌握基础的固定翼无人机起降动作外，飞行人员还需重点掌握以下特殊情况下的起降操控：

（1）能够模拟固定翼无人机在应急情况下的遥控器一键返航或失控保护操作，完成定点降落。

（2）能够模拟固定翼无人机在应急情况下的执行地面站自主起降、一键返航操作，并能够完成定区域回收。

（3）能熟练完成主要型号固定翼无人机弹射和手抛起飞、机腹擦地和伞降等操作。

对于垂直起降固定翼机型学员，要求能够完成地面站自动起飞操作，并能够模拟航线飞行过程中自主控制失效，切换遥控器操纵模式手动返航并定点降落。

## 五、多旋翼无人机水平 360° 原地自旋

要求能够以增稳（姿态）飞行模式熟练操控主要型号多旋翼无人机完成水平360°原地自旋动作，且无人机飞行动作连贯、速度均匀、水平和垂直方向最大偏差均不大于 1.0m，操作时间不小于 20s 且小于 30s。操作要点在于操控的柔和性，保证方向偏转无卡顿。

## 六、多旋翼无人机"8"字飞行

要求能够以增稳（姿态）飞行模式操控主要型号多旋翼无人机熟练完成水平"8"字（左、右两圆直径均为 10m）正飞和退飞动作。飞行过程中，无人机始终为"有头"模式，且关闭任务设备和定高辅助等模块；"8"字飞行起始点高度介于 2m（含）与 5m（含）之间，无人机飞行动作应连贯、速度均匀、机头方向与飞行方向一致；飞行航迹水平偏差最大不超过 0.5m、垂直偏差最大不超过 1.0m；完成时间在3min45s（含）～4min45s（含）。

"8"字航线主要考察方向舵、升降舵、副翼舵和油门之间的配合。无人机升空后，在保持升降舵使飞机前进的基础上，使用方向舵配合副翼进行转弯，在水平方向上，顺时针/逆时针完成一个"8"字航线。"8"字航线飞行的技巧在于：控制飞机前飞速度，并在飞行过程中不断纠正飞行姿态和方位，能够做到"8"字航线的

速度一致、高度一致、左右转弯半径一致、转弯坡度一致，并将"8"字交叉点放在飞手的正前方。图5-6为旋翼无人机水平"8"字飞行示意图。

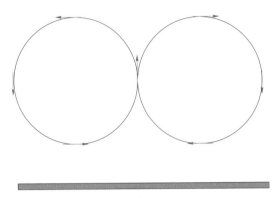

▲ 操作人

图5-6　多旋翼水平"8"字飞行示意图

## 七、第一视角飞行

第一视角相当于"第一人称"，即指以本人亲眼所见的角度对客观事物进行观察或描述。无人机第一视角则相当于飞行员视角，无人机第一视角飞行是在无人机上安装一个无线摄像头，连接在地面站显示器 FPV 或者头戴式显示器上。无人机第一视角飞行基本要求如下：

在操作过程中要求能熟练以第一视角飞行模式操控主要型号多旋翼和固定翼无人机完成起飞、飞行和降落动作；能在视场位置信息丢失情况下，仅通过图传和数传显示的无人机位置和姿态等信息，如图 5-7 所示。熟练操控无人机返航至目视范围，多旋翼无人机返航高度不小于 15m、固定翼无人机返航高度不小于 50m，实际返航航线与直线返航航线夹角均不大于 45°。

应按照预先准备、飞行前准备、飞行实施三个阶段进行。

（1）预先准备。预先准备阶段主要掌握航线规划、标准操作程序与应急操作程序的准备工作，应掌握的任务航线包括闭合多边形、多选段（≥4）非闭合航线、扫描航线的规划方法以及经纬度的换算知识，规划航线期间应检查航线的可实施性和安全性。航线的安全性包括但不限于满足空域要求、禁飞区要求和人口稠密区要求，规划的航线不能产生不安全的后果。

在设置航线高度过程中，要求根据场地情况进行高度补偿，之后航线应设置飞行器性能允许下的高度变化，变化幅度应目视观察可见。

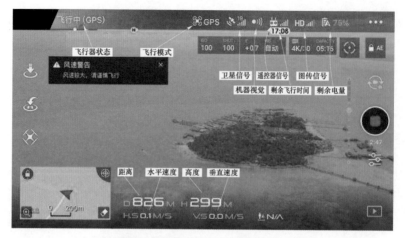

图 5-7　无人机第一视角飞行

（2）飞行前准备。应事先检查好无人机系统状态。包括但不限于结构、动力、电池、螺旋桨、自动驾驶仪、数据链路的完整性等，并设置应急返航点，之后完成任务上传。

（3）飞行实施。

1）操控地面站在 GPS 模式下使无人机自动起飞，按规划航线执行飞行任务。

2）在地面控制站监控仪表，正确识别飞行数据、飞行的正常和故障状态。

3）操控无人机模拟视场位置信息丢失的情况下，仅参照图传和数传地面站显示的航向、姿态和速度等信息，以姿态模式遥控操纵无人机返航至目视范围，要求多旋翼保持返航高度不小于 15m 以内超视距飞行，固定翼无人机返航高度不小于 50m，在切换姿态模式开始的 60 秒内实际返航航线航向与直线归航航线角误差应不超过±45°。

4）操控地面站，在 GPS 模式下使无人机自动安全降落。

## 第二节　无人机拍摄技术

### 一、可见光成像设备设置和拍摄

1. 可见光成像相关术语

可见光成像设备的主要技术参数包括曝光、对焦、白平衡、EV 值等。

（1）曝光。曝光三要素为光圈、快门、ISO（三个因素决定了曝光量，或者说，已知任意两个参数，可以唯一确定另外一个）。

1）光圈。光圈是一个用来控制光线透过镜头进入机身内感光面光量的装置，它通常是在镜头内。表达光圈大小我们是用 f 和数值表示，光圈 f 值=镜头的焦距/镜头光圈的直径。f 值通常包含 f1.0、f1.4、f2.0、f2.8、f4.0、f5.6、f8.0、f11、f16、f22、f32，光圈值越小，镜头中通光的孔径就越大，相比光圈值大的光圈进光量就越多。

2）快门。拍摄照片时控制曝光时间长短的参数。过快的快门速度会导致照片成像时进光量不足，照片曝光度不足，图片偏暗。过慢的快门速度会导致照片进光时间过度，照片过曝，或照片拖影，影响分辨。

3）ISO。ISO 又称感光度，是衡量底片对于光的灵敏程度，为减少曝光时间，使用较高敏感度通常会导致影像质量降低，易出现噪点。在拍照时，设置光圈大小，可以决定照片的亮度（通光量），同时也决定了照片的背景/前景虚化效果（景深透视）；设置快门速度同样可以决定照片的亮度，但是也同时受限制于具体拍摄需要，如必须使用慢速快门拍摄或者需要使用高速快门抓取瞬间的情况。所以在调节这两个曝光要素时，我们都需要考虑到它们会影响到照片其他方面的效果。ISO 和它们不一样，它不会受限于其他因素，只需根据自己的需要来自由调节它的大小。

控制 ISO 即控制相机传感器对当下光线的敏感程度，ISO 设置越高，敏感度越高，如果要保证照片一定的曝光量，需要的快门速度不用那么慢，或者光圈不用那么大；ISO 设置越低，敏感度越低，如果要保证照片一定的曝光量，需要的快门速度和光圈大小都需要更慢或者更大。

传统意义上讲，低 ISO 是指 ISO 值为 50～400，高 ISO 值是指大于 800。使用低 ISO 能拍摄出相对细腻的画质，使用高 ISO 能在光线不足的情况下将快门速度保持在安全快门以内，保证画面"不糊"。在光线充足的时候，建议使用较低的 ISO 拍照；在光线昏暗的时候，推荐使用较高的 ISO 拍照。

（2）对焦。对焦就是通过改变镜头与感光元件之间的距离，让某一个特定位置的物体通过镜头的成像焦点正好落在感光元件之上，得出最清晰的影像。从无限远的平行光线通过透镜会落在镜头焦距的焦点上，所以一般的泛对焦说的就是对焦在无限远，也就是感光元件放在离镜头焦距远的位置上，而这样近处物体的成像焦点就落在了感光元件后面，造成成像模糊。而通过对焦把感光元件和镜头间的距离加大，就可以得到清晰的成像.对焦的英文学名为 Focus，通常数码相机有多种对焦方式，分别是自动对焦、手动对焦和多重对焦方式。

1）自动对焦：传统相机采取一种类似目测测距的方式实现自动对焦，相机发射一种红外线（或其他射线），根据被摄体的反射确定被摄体的距离，然后根据测得的结果调整镜头组合，实现自动对焦。

2）手动对焦：通过手工转动对焦环来调节相机镜头从而使拍摄出来的照片清晰的一种对焦方式，这种方式很大程度上面依赖人眼对对焦屏上的影像的判别以及拍摄者的熟练程度甚至拍摄者的视力。

3）多重对焦：很多数码相机都有多点对焦功能，或者区域对焦功能。当对焦中心不设置在图片中心的时候，可以使用多点对焦或者多重对焦。

（3）白平衡。数码相机是机器，不如肉眼般会对周围光线的颜色进行自动调整适应。因此有时候拍出来的照片，色调可能不够理想，白平衡功能正是为拍出正确色调而出现。

所谓色温，从字面解就是颜色的温度。温度有分冷暖，红、黄、啡这些颜色称之为暖色，而青、蓝、绿称为冷色，色温的单位是以 K 值（Kelvin，绝对温度）来作表示。色温数值越低越偏向红色（愈暖），数值越高侧越偏向蓝色（愈冷）。表 5-1 为一些色温的常见实例。

表 5-1 色温常见实例

| 色温 | 常见实例 |
| --- | --- |
| 16 000～20 000K | 天空碧蓝的天气 |
| 8000K | 浓雾弥漫的天气 |
| 6500K | 浓云密布的天气 |
| 6000K | 略有阴云的天气 |
| 5500K | 一般的日光，电子闪光灯 |
| 5200K | 灿烂的正午阳光 |
| 5000K | 日光，这是用于摄像、美术和其他目的专业灯箱的最常用标准 |
| 3200K | 日光灯 |
| 2800K | 钨丝灯/电灯泡（日常家用灯泡） |
| 1800K | 烛光 |
| 1600K | 日出和日落 |

一般来说，数码相机有三种方法去获得正确的白平衡，分别为全自动、半自动及手动。随着摄像科技进步，自动白平衡模式在大多数情况下都能让你获得理想的颜色，图 5-8 为日常巡检工作中常用的白平衡设置菜单。

图 5-8 白平衡设置界面

（4）EV 值。EV（Exposure Values）是反映曝光多少的一个量，其最初定义为：当感光度为 ISO 100、光圈系数为 F1、曝光时间为 1s 时，曝光量定义为 0；曝光量减少一挡（快门时间减少一半或者光圈缩小一挡），EV−1；曝光量增一挡（快门时间增加一倍或者光圈增加一挡），EV+1。

现在的单反相机或数码相机都有自动曝光功能，通过自身的测光系统准确地对拍摄环境的光线强度进行检测，从而自动计算出正确的光圈值和快门速度的组合，这样相片就能正确的曝光。但是，某些特殊光影条件下（如逆光条件），会引起测光系统不能对被摄主体进行正确的测光，从而相片不能正确的曝光。这时，我们就要依照经验进行+/−EV 值，人为的干预相机的自动曝光系统。从而获得更准确的曝光。

当拍摄环境比较昏暗，需要增加亮度，而闪光灯无法起作用时，可对曝光进行补偿，适当增加曝光量。进行曝光补偿的时候，如果照片过暗，要修正相机测光表的 EV 值基数，EV 值每增加 1.0，相当于摄入的光线量增加一倍；如果照片过亮，要减小 EV 值，EV 值每减小 1.0，相当于摄入的光线量减小一倍。按照不同相机的补偿间隔可以以 1/2（0.5）或 1/3（0.3）的单位来调节。

当被拍摄的白色物体在照片里看起来是灰色或不够白的时候，要增加曝光量，简单地说就是"越白越加"，这似乎与曝光的基本原则和习惯是背道而驰的，其实不然，这是因为相机的测光往往以中心的主体为偏重，白色的主体会让相机误以为很环境很明亮，因而曝光不足。通过遥控器上的右拨轮调整曝光补偿 EV 值，往左减少(亮度)、往右增加(亮度)。

当拍摄天气晴好,拍摄角度略微逆光,选择将 EV 值增加到为+2.7,但此时本身光线十分充足出现过曝现象(见图 5-9),应将 EV 值降低到+1.0 左右。

图 5-9　曝光补偿过高

当拍摄天气阴天,EV 值为+0 没有进行调节,由于光线不足造成照片过暗(见图 5-10),此时 EV 值应尽量调高到+2.0 以上,照片曝光补偿正常(见图 5-11)。

图 5-10　曝光补偿过低

图 5-11 曝光补偿正常

2. 可见光成像设备设置

目前应用到实际电力巡检中的无人机以小型机为主,此节以某公司悟系列无人机相机和对应地面站软件 GO 软件为例,介绍相机参数设置内容及常见问题。

(1)摄像参数设置。在屏幕顶部飞行参数下面的一列数据是摄像参数,由上至下分别是感光度 ISO、光圈、快门、曝光补偿 EV、照片格式、照片风格、曝光锁定 AE。摄像参数设置界面如图 5-12 所示。

图 5-12 摄像参数设置界面

（2）相机参数设置。点击屏幕右侧工具条的齿轮按钮可以进行相机参数初始设定：照片格式、照片尺寸、白平衡、视频尺寸、照片风格（含自定义——锐度、对比度、饱和度）、色彩、更多（过曝警告、直方图、视频字幕、网格、抗闪烁、快进预览、视频格式、视频制式 NTSC/PAL、重置参数）。相机参数的设置界面如图 5−13 所示。

图 5−13　相机参数设置界面

相机的默认设定已能胜任用户一般的拍摄所需，如果有更高要求，可在拍摄前调整上述的基本设置。

（3）拍摄模式设置。长按屏幕右侧中部的拍摄圆键，圆键的左侧将出现扇形的选项按钮，这些按钮的功能分别为：单拍或连拍、单张、HDR、连拍（3、5、7 张）、包围曝光（3、5 张，步长 0.7EV）。定时摄像：5、7、10、20、30s。

（4）测光设置。无人机开启后，相机立即处于默认的自动"中央重点平均测光"状态。如果需要手动点测光，需轻触地面站屏幕画面景物里指定的测光位置，则可变为手动的"点测光"状态（在测光的位置将出现带中间小圆点的黄色方框符号），点击黄色方框右上角的小叉，相机将退出手动点测光回到默认的自动"中央重点平均测光"状态（注：短促点击屏幕是切换自动、手动测光操作；如较长时间的点击屏幕将出现蓝色圆圈符号，此时拖动图标的操作是控制云台姿态的俯仰）。

（5）相机手动测光状态下参数调整。点击屏幕右侧下部的"五线谱"按钮，此按钮变亮后可进入手动曝光调整状态。可以通过拖动屏幕上 ISO 滑块改变感光度 ISO，或通过遥控器上的右拨轮调整快门值，往左减少、往右增加。此时曝光补偿 EV 处于不可调的状态,但 EV 显示值会按照你给定的 ISO 和快门数值自动变化。另外,还可以点按屏幕上的 AE,进入或退出曝光锁定。

3. 可见光成像设备拍摄

针对"安全合适的拍摄距离"这个问题,经过大量巡检实践总结经验,可以借助图传设备屏幕中物体成像的大小和比例,以及安全距离提示来判断离目标大小的真实距离远近,实验数据测定,以悟 2 无人机搭载 X5S 镜头为例,当一个 220kV 复合绝缘子占据到约 3/4 图传屏幕宽度时,无人机与复合绝缘子的实际距离大约 5~6m。

按照这种比例成像法,以此类推,就可以确定出来各设备的安全拍摄距离,接下来拍摄前需要确保无人机悬停平稳,将拍摄目标尽量置于屏幕中央,最后在图传平板屏幕中点击目标拍摄物以辅助聚焦再按快门,拍摄出一张清晰的设备图像。为避免操作失误或机器设备问题等不可控因素使图像失真,建议实际巡检时,每个巡检位置略微改变角度进行 2~3 张拍摄作为补充,确保该位置巡检取像完毕,不往复作业。

关于辅助聚焦除了在图传平板屏幕中点击目标拍摄物方法外,可在遥控器中设置 C1、C2 等快捷键以提高拍摄效率。

在拍摄过程中,选择拍摄角度时应避免出现逆光拍摄,尽量选择顺光拍摄或侧光拍摄。避免由于没有进行正确对焦操作造成虚化失真现象,建议待无人机悬停平稳,在图传平板屏幕中点击目标物聚焦,或将目标物置于屏幕正中使用遥控器快捷键直接对焦。

## 二、红外成像设备设置和拍摄

1. 红外热像仪设备的基本知识

红外热像仪是利用红外探测器和光学成像物镜接收被测目标的红外辐辐射能量分布图形反映到红外探测器的光敏探测器上,从而获得红外热像图,这种热像图与物体表面的热分布场相对应。换言之,也就是将物体发出的不可见红外能量辐射转变为可见的热图像;热图像的上面的不同颜色代表被测物体的不同温度,无人机用红外热像仪载荷系统如图 5-14 所示。

图 5-14 红外热像仪载荷系统

2. 红外成像相关术语

红外成像设备的主要技术参数包括温度分辨率（热灵敏度），探测器像素数，焦距视场角与有效孔径（F 数），空间分辨率，帧频，高质量的红外图像数据要素及信息等。

（1）温度分辨率（热灵敏度）。温度分辨率代表热像仪可以分辨的最小温差，通常以××mk 表示，直接决定了红外热像仪的图像清晰度，热灵敏的数值越小，表示其灵敏度越高，图像更清晰。对于低零值绝缘子与复合绝缘子的检测尽量选用温度分辨率指标较高的产品（≤50mk）。

（2）探测器像素数。探测器像素数是指传感器的最大像素数，通常给出了水平及垂直方向的像素数。常见分辨率有 320×240、384×288、640×480、1024×768 等。

（3）焦距、视场角与有效孔径（F 数）。

1）焦距是光学系统中衡量光的聚集或发散的度量方式，指平行光入射时从透镜光心到光聚集之焦点的距离。通常焦距越长，其探测距离更远，但视场角窄、成本更高。

2）视场角，在光学仪器中，以光学仪器的镜头为顶点，以被测目标的物像可通过镜头的最大范围的两条边缘构成的夹角，称为视场角，视场角越大焦距越短。对于目前采用 640×480 探测器的各种主要品牌与类型的热像仪，50mm 焦距镜头水平视场角约为 12°，25mm 焦距镜头水平视场角约为 24°，焦距与视场角的关系为对应等比例变化。

3）有效孔径为镜头的最大光圈直径和焦距的比数，是表示镜头的最大通光量，也是镜头的最大口径。如一只镜头的最大光圈直径是 50mm，焦距是 50mm，则有 50:50＝1:1，这只镜头的有效孔径就是 1:1，或称 F1，F 数越小，进光量越大，热像仪的灵敏度越高，但景深越短，非制冷焦平面的 F 数通常为 1～1.2 之间。

（4）空间分标率（IFOV）。空间分辨率是指图像上能够详细区分的最小单元的尺寸或大小，是用来表征影像分辨标细节的指标。该指标与热像仪的探测器像素数、焦距（视场角）等参数相关。相关计算见式（5-1）和式（5-2）

$$IFOV = \frac{2\pi\sigma}{360\eta} \tag{5-1}$$

式中：$\eta$ 为在焦平面探测器的水平像素；$\sigma$ 为热像仪水平视场角（采用 640×480 探测器，17μm 像元直径探测器，50mm 焦距镜头，水平视场角约为 12°）。

$$D = IFOV \times L \tag{5-2}$$

式中：$D$ 为最小目标边长（理想大气情况下），即大于该尺寸的目标可以填充满一个像素点；$L$ 为观测距离。

采用 50mm 焦距，640×480 探测器热像仪镜头的 *IFOV* 为 0.325mrad，观察距离为 10m 时，$D$=0.000 325×10=0.003 25m（≈3.3mm），以此类推，25mm 焦距镜头 *IFOV* 为 0.65mrad；观看距离为 10m 时，$D$=0.000 65×10=0.006 5m（6.5mm）。

对于被测目标来说，由于其投影可能在两个像素点之间，因此其在探测器上的投影图像须填充满 3×3 个像素点才能确保准确测温，否则测温精度大幅下降，甚至不能观测到目标。根据上述计算，50mm 焦距的热像仪在 10m 的距离上可以对长宽各大于 1cm（直径约 1.5cm）的发热目标清晰成像并准确测温，25mm 焦距的热像仪在 10m 的距离上可以对长宽各大于 2cm（直径约 3cm）发热目标清晰成像并准确测温。观测距离越远，最小目标尺寸越大，在不考虑大气衰减的情况下为等比例变化。不同距离红外目标最小直径需求见表 5–2。

表 5–2　　　　　　　　　不同距离红外目标最小直径需求表

| 观测距离 | 10m | 15m | 20m | 25m |
|---|---|---|---|---|
| 50mm 镜头 | 1.5cm | 2.25cm | 3cm | 3.75cm |
| 25mm 镜头 | 3cm | 4.5cm | 6cm | 7.5cm |

通过 50mm 焦距镜头与 25mm 焦距镜头对比，发现 50mm 在显示画面细节方面优势明显，更加适合用于远距离探测，有利于保证无人机飞行安全，但其成本较高、价格贵。图像显示对比效果如图 5–15 和图 5–16 所示。

图 5–15　25mm 焦距镜头图像

图 5–16　50mm 焦距镜头图像

（5）帧频。图像帧频一般以 Hz 表示，指每秒钟更新图像的速率。如 30Hz 的红外成像设备是指一秒内可以产生 30 幅连续的图像。针对快速移动的物体进行红外侦测时，尽可能地选择高帧频的热像仪，这样能更准确地捕获温度的瞬时变化并在无人机飞行过程中清晰地拍摄。

（6）高质量的红外图像数据要素及信息。拍摄质量高的红外图像应包括的主要数据要素如图 5-17 所示。应包括的重要信息如图 5-18 所示。

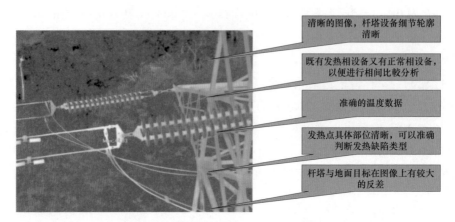

图 5-17　高质量的红外热图像数据要素

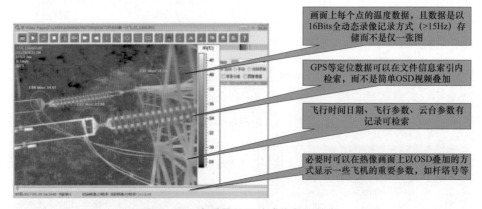

图 5-18　高质量的红外成像数据信息

3. 设备设置与使用注意事项

（1）红外成像设备的设置。

1）测温参数的实时设定。可以通过无人机地面站实时设定辐射率等关键测温参数，以保证测温精度。特别是对于新旧不同的金具，辐射率的设定直接影响到检测结果的准确性。

2）热像仪焦距设定与调节。由于无人机在飞行过程中相对于杆塔等目标间的距离是不断变化的，因此对于 25mm 以下的热像仪最好选用可以通过地面站进行实时调焦或起飞前调节好可基本正常工作的大景深设备；对于 50mm 等较长焦距的设备则必须选用可以通过地面站进行实时调焦并具备自动调焦功能的设备。

3）测温报警阈值与伪彩种类的实时设定。可以通过无人机地面站实时设定测温报警阈值与伪彩种类以提高巡检效率与观测效果，如图5-19所示。

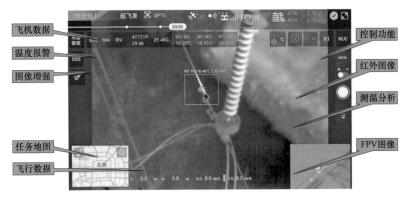

图5-19 设定测温报警阈值与伪彩种类的红外热图

4）色温显示范围设定。一般红外成像系统可以记录16bits全动态温度数据，通过APP或相关软件，调节色温显示范围以达到发现微小温差目标缺陷的目的，如图5-20所示。

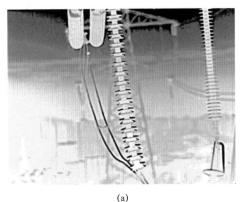
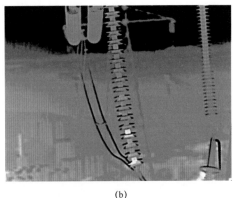

(a)　　　　　　　　　　　　　(b)

图5-20 设置色温显示范围前后对比图

(a) 原始图像；(b) 处理后图像

（2）红外成像设备使用注意事项。在日常使用红外成像设备进行巡检作业的时候，会影响测温的精度的因素包括：① 物体的反射率，如反光的金属表面，反射率较高，测出来的温度会偏低；② 辐射背景温度，如果是晴天无云影响较小，如果多云影响会加大；③ 空气的影响，包括温度和湿度，温度和湿度越高，越容易影响物体的测温，精度会越差；④ 空气的厚度，也就是相机与被测量问题的距离，越远，受影响越大，测量越不准。影响红外热像拍摄质量的一些外部因素及对策如下：

1）雨雾天气因素会影响红外热成像巡检拍摄质量。解决方法：对于通常的红外巡检，尽量天气好了再出门；但对于复合绝缘子的检测，阴冷的雨雾天气是最佳检测时机。

2）阳光直射会影响图像判读以及测温结果。解决方法：逆光飞行、全程全动态多角度录像，也可以通过调节云台角度减缓阳光干扰。

3）复杂"空—地"目标环境会影响红外成像质量。解决方法：固定色温显示范围或采用智能调节设备。

4）复杂地理环境会影响飞行安全。解决方法：做好任务规划，针对不同塔型确定最佳飞行方式。

5）±800kV 直流等特高压输电线路会干扰飞机磁力计以及红外图像画面，可使用 50mm 以上长焦距设备，条件允许情况下采用光学变焦及更高分辨率（1024×768）热像仪在相对比较安全的远距离上进行拍摄。

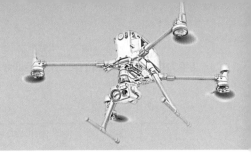

# 第六章

# 无人机巡检系统使用与维护保养

## 第一节 无人机设备台账

### 一、设备台账建立

台账原是指摆放在台上供人翻阅的账簿,也称流水账,它是企业为了加强某方面的管理、更加详细地了解某方面的信息而设置的一种辅助账簿,没有固定的格式,没有固定的账页,企业可根据实际需要自行设计,尽量详细,以全面反映某方面的信息。如入库台账、出库台账等,我们现在讲的设备台账不单是统计一些数字,还包括有关文件、计划方案、有关资料等,有纸质的,也有电子文档的,有文字图表的,也有图片影像的,分门别类,整理成册成本,如上级检查或查找资料,可随时查阅。要使设备使用单位真正重视立足平时记好台账,就必须切实提高对台账重要性的认识,记好台账是一项十分重要的基础工作。

无人机设备台账内容一般包括无人机设备购置台账、无人机设备使用台账、无人机设备维修保养台账、无人机设备报废台账以及无人机配件使用台账等内容,见表 6-1~表 6-4。

表 6-1　　　　　　　　　　××无人机设备购置台账

| 序号 | 资产编号 | 设备编号 | 数量 | 设备名称 | 型号 | 规格 | 制造厂商 | 购入日期 | 负责人 | 设备状态 | 备注 |
|---|---|---|---|---|---|---|---|---|---|---|---|
| 1 | | | | | | | | | | | |
| 2 | | | | | | | | | | | |
| 3 | | | | | | | | | | | |
| 4 | | | | | | | | | | | |

表 6-2 　　　　　　　　　　××无人机设备报废台账

| 序号 | 资产编号 | 设备编号 | 设备名称 | 型号 | 报废原因 | 报废日期 | 负责人 | 备注 |
|---|---|---|---|---|---|---|---|---|
| 1 | | | | | | | | |
| 2 | | | | | | | | |
| 3 | | | | | | | | |
| 4 | | | | | | | | |

表 6-3 　　　　　　　　　　××无人机设备维修保养台账

| 序号 | 资产编号 | 设备编号 | 设备名称 | 型号 | 维修保养项目 | 维修保养日期 | 下次保养日期 | 设备目前情况 | 负责人 | 备注 |
|---|---|---|---|---|---|---|---|---|---|---|
| 1 | | | | | | | | | | |
| 2 | | | | | | | | | | |
| 3 | | | | | | | | | | |
| 4 | | | | | | | | | | |

表 6-4 　　　　　　　　　　×××无人机配件使用台账

| 序号 | 资产编号 | 设备编号 | 设备名称 | 型号 | 领用机型 | 库存数量 | 负责人 | 备注 |
|---|---|---|---|---|---|---|---|---|
| 1 | | | | | | | | |
| 2 | | | | | | | | |
| 3 | | | | | | | | |
| 4 | | | | | | | | |

## 二、设备台账使用

无人机设备台账的作用可实现对无人机各部件的使用情况和设备状态追溯，督促操作人员正确使用设备，按时保质维护保养设备，保证其正常运行，防止设备故障和事故的发生，延长设备使用寿命，充分发挥设备性能创造更高的经济效益。

台账使用是工作的记录，是成效的展台。无人机现代化生产、规范化管理离不开完整的台账。我们强调做好设备台账使用记录，就是要求在平时的工作中不仅要做好，同时还要记录好。

在设备台账使用时，应根据任务性质选取特定的设备台账进行使用信息登记，登记信息包括但不限于设备名称、资产编号、设备编号、设备分类号、资产名称、型号、规格、制造厂商、使用日期、出厂号、资产原值、资产净值、使用地点、使用部门、使用状态、设备重要程度、是否报废。

通过无人机设备台账的建立和使用,无人机巡检操作人员应严格按照无人机设备管理相关规定,熟悉设备使用、维保等信息模块。

# 第二节　无人机巡检系统使用与维护保养

## 一、无人机巡检系统使用

1. 多旋翼无人机巡检系统使用

多旋翼无人机巡检系统因体积小便于运输,飞行稳定性好,作业时间较短的特性,适合短距离间的架空输电线路巡检,一般包括机体、动力系统、电池、飞控系统、任务载荷、地面站系统、遥控系统,如图 6-1 所示。

图 6-1　多旋翼无人机系统

飞行前正确判断空中管制区分布,有无申报空域。

注意观察气象,影响无人机飞行的气象环境主要包括风速、雨雪、大雾、空气密度、大气温度等。① 风速:建议飞行风速在 4 级(5.6~7.9m/s)以下,遇到楼层或者峡谷等注意风切变现象,通常无人机的起飞重量越大,抗风性能越好;② 雨雪：市面上现有的无人机大多不具备防水能力，所以在雨雪天气中使用无人机，极易造成无人机电子元件短路损坏；③ 大雾：主要影响操作人员的视线和无人机镜头取景，难以判断周边环境和无人机的安全距离。而且大雾中空气湿度过高，容易造成电子设备短路故障；④ 空气密度：空气密度随着海拔高度的增加而减小，在空气密度较低的环境中飞行，飞行器原有螺旋桨的拉力变小；⑤ 温度：飞行环境温度主要不利于电机/电池/电子调速器等散热，绝大部分无人机采用风冷自然散热，飞行环境温度过高，飞行器散热越慢。

飞行前注意观察飞行区域周边电磁干扰情况。飞行器无线电遥控设备多采用2.4G 频段，如家用无线路由器也都采用 2.4G 频段，发射功率虽然不高，但是数量大，难免会干扰遥控器的操作。

检查周围环境是否适合作业（恶劣天气下请勿飞行，如 4 级或以上大风、雨雪、大雾天气等）及起降场地是否合理（选择开阔、周围无高大建筑物的场所作为起降场地，大量使用钢筋的建筑物会影响磁罗盘的正常工作，而且会遮挡 GPS 信号，导致飞行器定位效果变差甚至无法定位），开机顺序为先开启地面站或者遥控器（这两项不分先后），后开启飞机。关机顺序为先关闭飞机，后关闭地面站或遥控器（这两项不分前后顺序）。开关机的原则就是要让飞机在通电的情况下始终是能接收到控制信号的，否则将有失控的危险。多旋翼无人机巡检系统在进行巡检作业使用时，应注意以下事项。

（1）核查作业现场。设定航线时要查看现场，熟悉飞行场地，了解线路走向、特殊地形、地貌及气象情况等工作，确保飞行区域的安全。

熟悉作业场地，需了解以下内容：

1）飞行场区地形特征及需用空域。

2）巡检线路杆塔的名称及杆塔号。

3）场地海拔高度，根据测量范围内的杆塔的海拔信息，确定无人机航线的相对高度。

4）沙尘环境，测量飞行场区内的沙尘强度，确定飞行航线及飞行任务是否满足执行条件。

5）飞行场区电磁环境，测量飞行场区内的电磁干扰强度，确保无人机与地面站的安全控制通信和数据链路的畅通。

6）场区保障，场区内可以给无人机提供基本的救援和维修条件。

航线的规划由以下几个方面确定：

1）根据现场地形条件选定无人机多旋翼起飞点及降落点，起降点四周应空旷无树木，山石等障碍物。

2）一般情况下，根据杆塔坐标、高程、杆塔高度、飞行巡检时无人机多旋翼与设备的安全距离（包括水平距离、垂直距离）及巡检模式在输电线路斜上方绘制航线。

3）如所绘制的航路上遇有超高物体（建筑物、高山等）阻挡或与超高物体安全距离不足时，绘制航线时应根据实际情况绕开或拔高跳过。

4）某些地段不满足双侧飞行条件时，应调整为单侧飞行。

5）规划的航线应避开包括空管规定的禁飞区、密集人口居住区等受限区域。

（2）巡检设备航前检查。航前检查主要包括：① 机臂是否紧固；② 起落架是否紧固；③ SD 卡是否安装，卡盖和尾部防水防尘盖是否盖紧；④ 安装云台时，注意云台连接线妥善固定，检查图传情况，避免连接线异常影响工作；⑤ 确保螺旋桨无破损并且正确安装牢固，如有老化、破损或变形，请更换后再飞行；⑥ 确保无人机电机清洁无损，并且能自由旋转；⑦ 务必严格按照官方要求安装符合规格的外接设备，并确保安装后飞行器重量不超过机型所允许的最大起飞重量。外接设备的安装位置务必合理，确保飞行器重心平稳；⑧ 确保摄像头以及红外感知模块保护玻璃镜清洁；⑨ 无人机及各部件内部没有任何异物（如水、油、沙、土等）；⑩ 无人机在 0℃ 左右的温度下进行飞行时，请提前使用干布擦拭桨叶，以免桨叶在飞行过程中结霜；⑪ 遥控器、智能飞行电池以及移动设备是否电量充足；⑫ 云台自检是否正常；⑬ 指南针及 IMU 是否校准成功；⑭ APP 飞行器状态列表有无报错提醒。

（3）飞行中检查。

1）起飞过程。

a. 操控手再次确认设备全部正常、无人机周围无人员后启动动力系统（电机）。

b. 启动动力系统后，操控手应先小幅度拨动摇杆，确认无人机反馈正常，逐渐推高油门，控制无人机平稳起飞。

c. 无人机升至低空后，应确认定位悬停姿态稳定及地面站数据正常，注意观察无人机有无异响或不稳定等异常状况。

d. 根据现场环境，由操控手操控无人机保持平稳姿态、以合适路径飞至巡检位置；或由操控手操控无人机飞至合适净空，并由程控手切入自主飞行模式，按照预定航线执行巡检任务。

2）作业过程。作业过程中，作业人员之间应保持良好沟通，确保作业安全：

a. 无人机悬停巡检时，应注意保持无人机与巡检目标的安全距离。

b. 无人机在杆塔间往返时，应使无人机先远离线路，再以平行于线路的方向飞行，飞行中控制好速度与姿态，避免无人机误碰线路。

c. 通过目视、图传、数传等多方面信息综合判断无人机状态，避免因距离及角度造成视觉误差。

d. 巡检过程中，作业人员应时刻关注无人机通信质量及剩余续航时间，保证无人机安全返航。

3）返航降落。巡检任务结束后，作业人员操控无人机飞回起降场地上方并平稳降落，在无人机距地面较近时应注意克服地面效应。

4）航后撤收。在无人机旋翼还未完全停转前，严禁任何人接近。待无人机旋翼完全停转后，作业人员应先关闭动力电源，再关闭遥控器及地面站电源，将电池放回电池防爆箱。

确认所有设备状态良好后，进行设备撤收。撤收完成后，应与设备清单核对，确保现场无遗漏。

（4）巡检设备航后检查。航后检查主要包括：① 电池，雨后飞行检查，每次雨中飞行后注意电池和飞行器之间的公母头是否干燥，雨后飞行后需要擦干整机和电池之后才能保存飞行器和电池；② 电池接插件，雨后飞行后需要注意是否有积水，若有则需要擦干后才可以继续工作；③ 云台，手动拨动云台，看看各轴是否顺畅，并检查云台相机是否会有沙石、水，进行适当擦拭晾干；④ 电机，电机是否有异音，转动是否顺畅，机臂与电机连接件处需要吹气清理干净或无尘布擦拭。

2. 固定翼无人机巡检系统使用

固定翼无人机巡检系统因体积较大，巡航能力相对于无人直升机有了很大的提升，而且搭载负荷的能力也优于旋翼类无人机。固定翼无人机可以搭载大型设备，完成在多个输电线路杆塔间执行长航时的巡检任务，一般包括机体、动力系统（电动  油动）、伺服机构、电池、飞控系统、任务载荷、弹射架、降落伞、地面站系统、遥控系统，如图 6-2 所示。

固定翼无人机巡检系统工作原理为通过无线电遥控设备或机载计算机远程控制飞行系统进行作业，使用小型数字相机（或扫描仪）作为机载遥感设备。

固定翼无人机巡检系统使用要求：

（1）无人机应尽量配备伞降设备，垂直起降机型除外。在无人机遇到突发故障时，可通过降落伞减缓下降速度、减小飞行平台和机载设备的损伤。

（2）设计飞行高度应高于拍摄区和航路上最高点 100m 以上。

（3）设计航线总航程应小于无人机能到达的最远航程。

图 6-2 固定翼无人机巡检系统组成

（4）距离军用、商用机场须在 10km 以上。

（5）起降场地相对平坦、通视良好。

（6）远离人口密集区、高大建筑物、重要设施等。

（7）起降场地地面应无明显凸起的岩石块、土坎、树桩，也无水塘、大沟渠等。

（8）附近应无正在使用的雷达站、微波中继、无线通信等干扰源，在不能确定的情况下，应测试信号的频率和强度，如对系统设备有干扰，须改变起降场地。

（9）无人机采用滑跑起飞和滑行降落的，滑跑路面条件应满足其性能指标要求。

多旋翼无人机巡检系统在进行巡检作业使用时，应注意以下事项：

（1）核查作业现场。

1）现场勘查。飞行前应进行现场勘查，确定作业内容和无人机起降点位置，核实 GPS 坐标。应提前向有关空管部门申请航线报批，并在巡检前一天和作业结束当天通报飞行情况。巡检前应填写无人机巡检作业工作票，经工作许可人的许可后，方可开始作业。应在飞行前一个工作日完成航线规划，编辑生成飞行航线和安全策略，并交工作负责人检查无误。

2）航线规划。飞行人员应详细收集线路坐标、杆塔高度、塔形、通道长度等技术参数，结合现场勘查所采集的资料，针对巡检内容合理制定飞行计划，确定飞行区域、起降位置及方式。

飞行前应下载、更新飞行区域地图，并对飞行作业中需规避的区域进行标注。无人机航线距离线路包络线的垂直距离应不少于100m。巡航速度应在 60～120km/h 范围内，不得急速升降。

无人机作业区域应远离爆破、射击、烟雾、火焰、机场、人群密集、高大建筑、其他飞行物、无线电干扰、军事管辖区和其他可能影响无人机飞行的区域，严禁无人机从变电站（所）、电厂上空穿越。同时应注意观察云层，避免无人机起飞后进入积雨云。

起飞时，无人机应盘旋至足够高度后方可进入航线飞行。为保证巡检作业尽可能覆盖全部线路走廊，无人机应根据线路走向规划预转弯航线，无人机到达航线拐点前进行预先转弯，以免无人机过度偏离预设航线。降落时，宜采用多次转向的方式确保无人机下降时飞行方向正对降落区域。

（2）巡检设备航前检查。作业前，飞行人员应逐项开展设备、系统自检，确保无人机处于适航状态。检查无误工作负责人签字后方可开始作业。

1）飞行控制系统准备。在无人机开始起飞前，根据杆塔的位置设定飞行航线并将航线上传到无人机控制系统中，并进行航线的再次检查确认。同时还要根据杆塔的类型对无人机的设置相应的安全策略，确保在飞行巡检时无人机与输电线路处于相对安全距离的状态。

地面站自检正常，各项回传数据如发动机/电机状态、GPS 坐标、卫星数量、电池电压、无人机姿态等参数满足飞行要求。无人机各接头、零部件、油箱油量、螺旋桨运行正常，如果无人机中任一部件（模块）出现故障或报警的情况，则不得起飞。

2）任务载荷准备。将机载的照相机、摄像机电源打开，摘下镜头盖，查看镜头是否清洁，若无则进行相应的清洗处理。通过地面站观察传回的图像信息，依据图像显示情况对照相机或摄像机的焦距和镜头方向进行校准。同时也对地面站、遥控器与任务载荷通信链路进行检查，确保链路的正常通信和采集的数字图像的质量。

3）动力系统准备。

a. 检查无人机动力电池、飞控系统电池、任务荷载电池、遥控器电池、地面站电池等所有电池是否处于满电状态。

b. 每架次作业时间应根据无人机最大作业航时合理安排。

4）通信系统准备（含地面站和任务载荷）。

a. 作业现场电磁场无干扰。

b. 通信链路畅通，数传信息完整准确，图传清晰连贯，无明显抖动、波纹或雪花。

（3）飞行中检查。

1）起飞过程。起飞时，应确认逆风，自检无误后，工作负责人签署放飞单，下达放飞指令，根据无人机型号确定起飞方式。主要的起飞方式如下：

a. 采用滑跑起飞时，应确认跑道平坦无障碍物。

b. 采用手抛起飞时，应有防误触发装置。

c. 采用弹射起飞时，弹射架应置于水平地面上，并做好防滑措施。

起飞时，若无人机姿态不稳或无法自主进入航线，程控手或操控手应马上进行修正，待其安全进入航线且飞行正常后方可切入自主飞行模式，并密切观察无人机飞行状况。

2）作业过程。原则上飞行作业全程采用无人机自主飞行模式。如有异常，程控手和操控手应按照故障处理程序进行处置，时刻准备进行人工干预，保障无人机顺利完成飞行作业。

当无人机飞行轨迹偏离预设航线且无法恢复时，程控手应立即采取措施控制无人机返航降落，操控手应配合程控手完成降落，必要时可通过遥控手柄接管控制无人机。

3）返航降落。应提前做好降落场地清障工作，确保其满足安全降落条件。采用机腹擦地和滑跑降落、垂直起降等方式时，降落场地应满足其安全距离；采用伞降方式时，应根据无人机状态设定适宜的开伞时间并确保附近无安全隐患；采用撞网降落方式时，不得由飞行人员撑网。

4）设备回收。设备回收时，应将油门熄火，设备断电，检查各部件状态，对无人机巡检系统进行清洁、紧固，确认无人机巡检系统完好。电动无人机应将动力电池拆卸，储存于专用电池箱中，核对设备和工具清单，确认现场无遗漏。入库前应再次检查核对。

（4）巡检设备航后检查。

航后检查主要包括：① 电池，雨后飞行检查，每次雨中飞行后注意电池和飞行器之间的公母头是否干燥，雨后飞行后需要擦干整机和电池之后才能保存飞行器和电池；② 电池接插件，雨后飞行后需要注意是否有积水，有则需要擦干后才可以继续工作；③ 机臂，机臂接头和机臂连接座之间积水注意擦干；④ 机尾接口，打开擦干，保持整洁干燥；⑤ 下云台接口，检查云台相机是否有沙石、水，进行适当擦拭晾干；⑥ 机臂连接件处需要吹气清理干净或无尘布擦拭；⑦ 云台，手动拨动云台，看看各轴是否顺畅；⑧ 电机，电机是否有异音，转动是否顺畅；⑨ 空速管，注意清理，保持干净。

## 二、无人机巡检系统维护保养

为保证无人机系统的正常运行，减少不必要的机器故障与损失，提高无人机巡检作业工作效率，无人机系统的维修保养是必不可少的。无人机巡检系统维护保养包含无人机系统的保管、检查、大修、维修以及部件的替换。维护保养的好坏直接关系到无人机巡检系统能否长期保持良好的工作精度和性能。按照无人机组成部分可将维护保养分为无人机、控制站、通信链路、其他设备（如遥控器）等的维护保养。不同类型无人机维护保养要求不同，经验表明，无人机每飞行 20h 或者更少就需要进行预防性维护，至少 50h 进行一次较小的维护。无人机巡检系统常见维护保养主要包括以下内容。

1. 外观检查维护

（1）机体结构各部位是否歪斜，结构上是否出现裂纹以及破损。

（2）检查起落架的倾斜角度是否左右对称。

（3）电机是否歪斜，电机内线圈是否有熔断、异物残存、电机壳下方间隙以及电机机壳变形。

（4）螺旋桨是否有变形、磨损、断裂及明显裂痕。

（5）电调外包装是否完整，是否有破裂、烧痕。

（6）飞控连接线路条例有序，同等接口合理布局，无明显插线接头与异类线色。

（7）飞控安装水平，飞控对应方向与 GPS 天线一致。

（8）各焊点是否有裂痕，是否有拉伸痕迹。

（9）检查 GPS 天线上方以及每个起落架的天线位置是否贴有影响信号的物体。

（10）电调连接线是否有焊接松动、灰尘。

2. 触摸检查

（1）检查全部螺丝是否牢固。

（2）机架用手晃动，相邻的两个机臂用手摆动，检查是否有松动。

（3）手握住电机或者桨在手上，握住一边桨叶摆动，检查是否有明显裂纹，然后再换另外机臂。

（4）手握住电机座，晃动机臂检查机臂上的固定螺丝与电机的固定螺丝是否有松动异响。

（5）检查电调连接线，连接电机、飞控和焊接位置的牢固力。

（6）检查飞控的牢固程度以及连接飞控的连接线是否有松动。

3. 声音法判断系统是否正常

声音能够暴露无人机巡检系统很多眼睛看不到的问题。握住机架相邻两个支臂摆动，听声音是否有固定机架螺丝松动，支臂固定声音是否牢靠无异声。

把桨固定或无桨裸电机，用手转动一下，正常的电机转动声音浑实有力，但如果听起来干涩，或者声音发脆甚至能够听到内部有明显的沙子类摩擦的声音，说明电机存在异常问题。

4. 通电进行综合测试

飞控系统进行单独供电，检查是否有异常，按照飞控系统说明书，指示灯是否正确闪亮，遥控器与飞控系统对接是否正常。不对飞控系统供电，将四个电调线分别接到接收机油门通道，轻推油门听声音，检查是否有明显反应慢甚至异声。

将飞行器放到一个无遮挡的空间内，通电进行遥控器与飞控系统的系统联调，轻推油门逐渐升高，听电机转速以及观察飞控系统指示灯，油门可推至五分之三处。持续一分钟后停止供电，用手触摸电机、电调、飞控系统、电池线和电池插口等处，检查温度是否有灼热感。如果发现温度异常，如仅有电池线滚烫，说明硅胶线过载，需要及时更换。仅有电机电调温度异常，建议飞行过程中不要超负荷载重，如果电机电调连接处发热，则说明焊接虚焊。开机后，电调"嘀嘀嘀"类的声音是否一致，如果听到某个声音短缺，及时检查线路接线。

5. 无人机动力电池维护保养

（1）检查电池外壳有无损坏及变形，电量是否充裕，电池是否安装到位。

（2）检查遥控器电量是否充裕，各摇杆位置是否正确，检查显示器、电量是否充裕。

（3）锂电池充电要按照标准时间和标准方法充电，特别不要进行超过 12h 的超长充电（充电器显示充满即可）。

（4）避免完全放电（低于 3.7V），并且经常对锂电池充电。充电不一定非要充满，但应该每隔 3～4 个月左右，对锂电池进行 1～2 次完全的充满电（正常充电时间）和放完电。

（5）电池使用后如在 3 天内没有飞行任务，将单片电压充至 3.80～3.90V 保存。

如在 3 个月内没有使用电池，将电池充放电一次后继续保存，这样可延长电池寿命。长期不用的锂电池，应该存放在阴凉偏干燥的地方，长期存放电池时，放在密封袋中或密封的放爆箱内，且干燥、无腐蚀性气体。

（6）不要经常深放电、深充电。每经历约 30 个充电周期后，电量检测芯片会自动执行一次深放电、深充电，以准确评估电池的状态。

（7）请勿拆解、压碎或穿刺电池，请勿让电池外露接点短路。

（8）避免短路。电池平衡插头避免进入水，另外在电池焊线维护和运输过程中，易造成短路导致电池打火或者起火爆炸。当发现使用过一段时间后电池出现断线的情况需要重新焊线时，特别要注意电烙铁不要同时接触电池的正极和负极。另外运输电池的过程中，最好的办法是，每个电池都单独套上自封袋并置于防爆箱内，防止因运输过程中，因颠簸和碰撞导致某片电池的正极和负极同时碰到其他导电物质而短路或破皮而短路。

（9）不损坏外皮。电池的外皮是防止电池爆炸和漏液起火的重要结构，锂聚电池的铝塑外皮破损将会直接导致电池起火或爆炸。电池要轻拿轻放，在飞机上固定电池时，扎带要束紧。因为会有可能在做大动态飞行或摔机时，电池会因为扎带不紧而甩出，这样也很容易造成电池外皮破损。

（10）注意电池的保温。在北方或高海拔地区常会有低温天气出现，此时电池如长时间在外放置，其放电性能会大大降低，飞行时间会大大地缩短。低温环境下在起飞之前电池要保存在温暖的环境中，如房屋内、车内、保温箱内等。要起飞时快速安装电池，并执行飞行任务。在低温飞行时尽量将时间缩短到常温状态的一半，以保证安全飞行。动力电池应统一放于防爆箱内，存放于干燥、适温环境下，禁止放于阳光直射环境。

（11）插头是无人机与电池进行连接的必备配件，其工作频率非常高，且对于整个无人机系统非常重要。插头连接时，必须完整插入，否则将会使插头发热，影响飞行安全。长期不良习惯的插拔有可能造成插头变形，外径变小，从而导致发热量迅速增加，插头熔化。

若注意到下列情况之一，请更换新电池：

1）电池运作时间，缩短到少于原始运作时间的 80%。

2）电池充电时间在大幅度延长。

3）电池有膨胀、有形损伤的状况。

（12）电池的报废。锂聚合物电池本身具有毒性，属于易燃易爆物品，锂聚合物电池外包装就像锡箔纸，易受损伤，受损伤之后易引起燃烧，因为锂是一种很活跃的金属,暴露在空气中会引起燃烧,报废后的电池千万不能随手扔掉,应交由专业电池回收机构进行妥善处理。

6. 无人机的存放

无人机日常应存放于专用无人机库房内,库房应选择通风、干燥、远离磁场的场所,避免存放在高湿、高温环境,一般存放温度区间为 25℃左右。无人机若长久不使用,无人机在存放之前,应首先清理机身异物,为了避免无人机系统元器件加速老化,无人机巡检系统平时应装箱密闭存放,注意插头处保持干燥。电机内部要进行除污上油。桨叶用塑料纸、布或者泡沫间隔包裹,放到不易挤压,无日照区域,机架悬挂处理。

# 第三节 任务设备使用与维护保养

## 一、云台使用与维护保养

1. 云台的工作模式与技术参数

内置独立 IMU 模块精确控制云台姿态;集成云台专用伺服驱动模块、HDMI-HD/AV 模块等;支持方向锁定控制、FPV 模式(复位)和非方向锁定控制三种工作模式,云台的工作模式与技术参数见表 6-5。

表 6-5 云台的工作模式与技术参数

| 工作模式 | 云台指向 | 云台与机头相对角度的关系 | 遥控器控 | 摇杆命令的含义 | 姿态增稳 |
|---|---|---|---|---|---|
| 方向锁定控制 | 当机头方向变化时,云台指向跟随机头指向变化 | 云台与机头保持相对角度不变 | 受控 | 三轴上的摇杆杆量对应云台转动速度,中位速度为 0°/s,端点为最大速度 | 有 |
| 非方向锁定控制 | 机头方向变化时云台指向不跟随机头指向变化 | 云台与机头相对角度可变 | 受控 | 三轴上的摇杆杆量对应云台转动速度,中位速度为 0°/s,端点为最大速度 | 有 |
| FPV 模式(复位) | 云台指向与开机时飞行器机头指向一致 | 云台与机头相对角度为 0° | 不受控 | | 有 |

2. 云台的正确使用方法和维修保养事项

出于安全考虑，云台在使用和维保过程中应以下注意事项：

（1）若云台有防脱绳，检查防脱绳是否拧紧，绳子是否磨损。

（2）确保伺服驱动模块转动过程不被任何物品阻挡。

（3）检查云台减震球是否塑胶老化破裂、漏液。

（4）上电之前，手动转动云台，确保云台三轴运动都不受阻碍。

（5）安装相机时要严格控制云台重心。

（6）确保所有连线正确，检查外置云台板线材及插头是否损坏。

（7）安装云台时，注意云台连接线妥善固定，检查图传情况，避免连接线异常影响工作使用，确保无线视频传输模块正常工作。

（8）云台机身接地，请避免电源线接触云台。

（9）上电时请保证使云台保持水平，飞行前，检查云台自检是否正常。

（10）飞行后，检查下云台接口云台相机是否有沙石、水，进行适当擦拭晾干检查以下部件，避免进尘。

3. 云台的简单故障排查

云台的故障排查见表6-6。

表6-6　　　　　　　　　　云台的故障排查

| 序号 | 现象 | 原因 | 解决方法 |
|---|---|---|---|
| 1 | 初始化后云台一直漂移 | （1）遥控器微调较大；<br>（2）GCU 未与飞控系统连接；<br>（3）云台安装方向与机头朝向不一致 | （1）请调节遥控器微调按钮；<br>（2）请连接 GCU 到飞控系统；<br>（3）请检查安装，确保云台安装方向与机头朝向一致 |
| 2 | 初始化后云台各轴不能处于水平状态 | 云台出厂校准异常 | 按照厂家说明校准云台 |
| 3 | 使用时无法辨清云台指向 | 飞行器超视距飞行 | 请先将工作模式开关切换到FPV模式，再切换到您所需要的模式 |
| 4 | LED 指示灯红灯闪烁 | （1）云台与 HD 无线视频传输模块连接线路不通；<br>（2）多次拨动 HD/AV 切换开关，并且最终拨到了 AV 位置 | （1）检查云台和 Lightbridge 间连线是否正确牢固；<br>（2）将 HD/AV 切换开关拨到 HD 位，并断电重启云台 |
| 5 | LED 指示灯绿灯常亮或黄灯常亮但是无线视频传输模块无显示 | （1）相机 HDMI 视频未接入云台 HDMI－HD/AV 传输模块；<br>（2）相机未开机；<br>（3）HD 模式，DJI LightbridgeApp 视频源被设置为 "HDMI/AV" | （1）检查云台 HDMI－HD/AV 传输模块和相机 HDMI接口的连接是否正确，连接线是否损坏；<br>（2）相机开机；<br>（3）将 APP 中视频源设置改为 "高清云台" |

## 二、可见光成像设备使用与维护保养

1. 可见光成像设备使用

（1）不要直接拍摄烈日或者强光。可见光成像设备在使用时尽量不要直接拍摄太阳或者强光，长时间的对着强光很可能会损坏相机的测光系统。

（2）飞行前，确保摄像头模块保护玻璃镜清洁。

（3）远离强磁场和强电场。强磁场或强电场会影响相机中电路的正常工作，甚至造成故障。所以不要把设备随手放在有强磁场和强电场的电器设备上。

（4）在高温高湿的环境中使用，镜头容易发霉、电路易出故障。如果在潮湿环境中使用后或不慎相机被雨淋湿，要及时晾干或吹干。

（5）防烟避尘，不可在烟、尘很大的地方使用，迫不得已在此环境在中使用后应及时清洁处理。

2. 可见光成像设备维护保养

（1）注意清洁。相机的镜头要用专用的拭纸、布擦拭，以免刮伤。要去除镜头上的尘埃时，最好用吹毛刷，不要用纸或布；要湿拭镜片时，请用合格清洁剂，不要用酒精之类的强溶剂。

（2）发霉处理。镜头发霉极轻微时，用干净的一般软毛刷或空气喷嘴清除里外所有的灰尘。清镜头要用镜头用的软毛刷或是眼镜用的鹿皮，药水可在镜头脏时才用，但不可直接滴在镜头上，要滴在鹿皮或拭镜纸上再擦，不可用面纸。除镜头外，其他部分可用稀释过的稳洁加鹿皮来轻擦，去除脏污及指纹。准备有封口的透明塑胶袋置入相机，放入一个除湿剂，再放入一张白纸（标明保养日期），即可封口。

（3）设备存放。可见光成像设备不用时应先检查确认电源已经关闭，然后保存到相机袋里。较长时间不用时，应把电池取出来，防止电池漏液而损坏机件。

## 三、红外成像设备使用与维护保养

1. 红外成像设备使用性能参数选择

无人机红外成像设备性能参数的选择与确定是实现无人机精细化巡检的技术基础。主要包括以下性能参数选择：

（1）体积、重量与热像仪控制方式：能否装上飞机。

（2）光学系统焦距与探测器分辨率：能否看见目标。

（3）温度灵敏度（NETD）：能否看清（识别）目标，充分满足飞行任务需求。

（4）测温范围与测温精度：在各种环境下充分满足飞行巡检测温精度之要求。

（5）图像的显示方式、帧频、数据记录的格式：能否看清目标细节、完成专业测温分析工作。

（6）可以通过无人机遥控器、APP 等方式，在飞行中实时设定辐射率等关键测温参数，以保证测温精度。

（7）增稳伺服系统：能否高效地完成任务，获得满意的影像显示质量。

（8）必要的环境适应性能、防护等级与电磁兼容性能：能否适应各种飞行环境，可靠地完成任务。

（9）必要的扩展功能（如连接 GPS 系统）：更好地满足飞行任务、数据管理需求。

2. 红外成像设备维护保养注意事项

（1）红外成像设备的镜头元件通常由锗单晶制成，容易打碎、擦伤和破裂，在不使用热像仪时，应重新盖上镜头，并将热像仪小心存放。

（2）注意红外成像设备使用时所处的环境温度，热像仪可在 $-10\sim50℃$ 范围内工作。

（3）尽量避免在雨天室外工作，若有液体沾染到红外成像设备，应在第一时间擦拭干净。

（4）红外成像设备的清洁：为了避免损坏设备，应首先使用压缩空气清除大的颗粒和灰尘，然后用一块布擦拭。轻轻使用略微沾湿标明用于清洁镜头的非腐蚀性溶液或是温和的稀释肥皂溶液（绝对不要使用溶剂）的软棉布擦拭镜头（不要将布浸入液体中）。使用干净略湿的布轻轻擦拭设备机身。如有需要，可用水加少量温和肥皂配成的溶液将布浸湿。当使用完成后，应尽快将设备盖上镜头盖，并放入携带箱内保存。

（5）红外成像设备与无人机连接安装完毕后，禁止带电扳动热像仪与增稳伺服云台，以防止破坏其机械结构。

（6）建议红外成像设备每年返厂一次进行测温标定与复测工作以确保测温精度。

**四、吊舱使用与维护保养**

1. 吊舱的系统、结构组成与工作原理

吊舱是指安装有某机载设备或武器并吊挂在机身或机翼下的流线型短舱段。无人机常用吊舱一般为光电吊舱，采用高精度两轴稳定平台，内置连续变焦可见光摄像机和非制冷红外热像仪，主要用于机载对陆地及水上目标的搜索、观察、跟踪，满足航拍、飞行导航、侦查等各种应用需求。

无人机光电吊舱系统主要组成包括吊舱平台（含热像仪、可见光摄像机）、通用接口/图像处理板、控制终端，如图 6-3 所示。

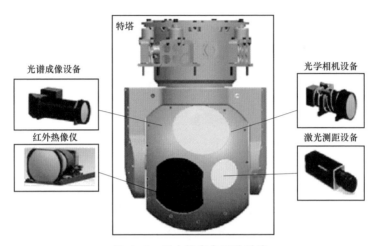

图 6-3　无人机光电吊舱系统

超小型无人机光电吊舱各部分的功能简介如下：

（1）光电吊舱：采用方位俯仰两轴结构，内部安装各光学探测器及陀螺稳定伺服系统和相关测量设备；外部连接高频减震器以隔离机体的高频振动。

（2）通用接口/图像处理板：该分系统由通用接口板和图像处理板两个模块组成。

（3）地面控制终端：该终端有两款，一款为地面 PC 基站，运行吊舱控制软件，由软件完成对吊舱的监控和操作；另一款为嵌入式手持控制器，完成对吊舱的监控与操作。

无人机光电吊舱的系统功能：

（1）提供红外或者可见光的视频图像，提供红外测温信息。

（2）复合陀螺稳定。

（3）能人工操作吊舱方位俯仰和变焦动作，搜索监控区域。

（4）能人工操作瞄准线运动，锁定目标并对目标进行自动跟踪。

（5）能按照预定的路径，自动搜索由操作员指定的区域。

（6）视频叠加功能，能在视频画面实时显示吊舱指向、工作状态等信息。

2. 吊舱的使用方法和注意事项

（1）安装吊舱时应当严格控制任务载荷对飞行器平台重心的影响，错误的重心位置会对飞行器平台的稳定性、升限、载重能力和续航时间造成很大影响。

（2）为抑制飞行器震动对拍摄效果的影响，吊舱应当在保证紧固的状态下加入一定的柔性连接部件，如橡胶减震球等。并且为防止其老化断裂，应当同时加装防脱机构。

（3）在储存、安装及运输已安装吊舱的飞行器平台时，应注意吊舱的防护，严禁撞击、剐蹭。

（4）执行任务前，确保吊舱各个模块功能完好，传输正常。

**五、激光雷达设备使用与维护保养**

1. 激光雷达设备使用

（1）飞行前准备

1）无人机。检查遥控器、电池以及移动设备电量是否充足，检查螺旋桨等易损件是否需要更换，拆掉螺旋桨并上电检查电机是否正常工作，检查指南针罗盘是否异常，检查相机内存卡，通电检查云台工作是否正常。

2）LiDAR 设备检查。检查 LiDAR 和 GPS 天线连接是否正确，检查设备内存是否已满，检查供电电池电量，检查设备连接处连接是否正常。

3）航线规划。首先利用 Google Earth 查看测区的高程图，了解测区海拔以及测区地形变化，计算出海拔最大高差。计划飞机飞行高度避免出现撞山撞树情况。无人机地面站下载好测区地图。

向对接负责人或者当地居民了解周边有无机场、军事基地、雷达等敏感区域。

到测区场地进行实地勘察，选择合理的起飞点。要求 5m×5m 以上的空地，尽量靠近测区减少无人机进入测区的距离。

输电线带状区域尽量走直线；必须拐弯得远离航线，尽可能多设点，增大转弯半径，避免原地掉头。航线超出测区范围 50m 以上，航带重叠率 30%。如图 6-4 所示。

4）基站架设。基站位置要求：地面基础稳定，利于点的保存；附近不应有强烈反射卫星型号的物体（如大型建筑物等）；远离大功率无线电发射源（如电视台、电台、微波站等），其距离不应小于 200m；远离高压输电线和微波无线电信号传送通道，其距离不应小于 50m；针对精度要求高的项目，三脚架需设在选定的基站点上，高度适中、脚架踏实、严格对中整平。标准的基站架设如图 6-5 所示。

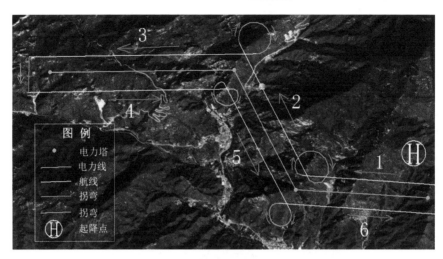

图 6-4 激光雷达航线规划

图 6-5 激光雷达基站架设

基站天线斜高量测方法是量测基站架设的地面中心点到 GPS 护圈下沿的高度，量测 3 次以上并取平均值，如图 6-6 所示。

（2）飞行中操作。

1）设备通电。首先开启遥控器，开启无人机电源，然后开启设备电源。

2）控制软件与设备连接。控制软件与设备连接成功后请注意查看软件日志界面中显示的 SD 卡剩余空间，若剩余空间小于 6G，需先清空存储之后再进行给后

图 6-6　激光雷达基站天线斜高量测方法

续操作。

　　清空存储方法为：通过电台建立与设备的连接，点击软件菜单栏中的"设备→清空存储"。

　　然后设置影像及激光采集控制方式，通过高度或速度控制设备开始及结束数据采集；长按 IMU 键后即开始 IMU 数据采集，激光雷达和相机数据待满足设置条件后开始采集。

　　3）飞行数据采集。操作无人机手动起飞，绕两个"8"字后开始执行规划的航线；通过地面站监控激光雷达和相机是否开始采集数据，并能实时查看点云的采集效果。

　　4）数据采集结束。航线执行完成后，飞控手再绕两个"8"字后降落，降落过程中禁止无人机后退，落地后静止 5min，然后关闭激光雷达电源，再关闭无人机电源。结束数据采集。

　　作业过程中注意事项：

　　1）开始采集 IMU 后，需要静止 5min 之后再起飞，设备降落后，需静置 5min 之后，再停止 IMU 数据记录。

　　2）进入正式航线前需要进行"8"字飞行，为保证数据质量，需要在正式航线高度进行"8"字飞行。同时出航线之后也需要在正式航线高度进行"8"字飞行，之后再降落。

　　3）作业过程中注意查看软件日志界面中显示的 SD 卡剩余空间，若剩余空间小于 6G，需先清除存储之后再进行数据采集操作。

4）基站观测时间要完全覆盖 POS 设备时间，数据采集过程中，禁止碰撞、移动基站。

5）相机不可非正常断电，须停止拍照后再断电。

（3）设备装箱。飞行结束后开始设备装箱，基站需要在设备电源关闭后再等15min，然后保存并关闭。

（4）数据处理。

1）数据下载。

2）运用数据预处理与检查软件进行数据检查。

3）数据内业处理，生成报告。

2. 激光雷达设备维护保养

（1）设备使用注意事项。为保证设备可靠使用及人员的安全，请在安装、使用和维护时，遵守以下事项：

1）注意对扫描镜的保护，防止划伤扫描镜的表面。

2）安装时轻拿轻放，防止仪器跌落，或受到冲击。

3）在扫描前，请确保扫描镜干净无尘。

4）避免温度突变工作，防止损伤设备。

5）操作过程中，禁止身体任何部位直接接触激光雷达扫描头。

6）如设备需要搬运，务必装箱运输。

7）设备的运行环境为 0～40℃，遇有雨、雪、雾、沙尘等恶劣天气应停止作业，一方面可防止设备损伤，另一方面也可保证测量精度。如在工作过程中突发恶劣天气，请及时将设备移至安全处。

8）拔出电源线时请捏住连接器两端，禁止暴力插拔。

（2）激光雷达扫描仪维护。

1）开启设备前，检查扫描仪窗口是否清洁，若有污染应立即清理。

2）设备使用完后，检查扫描仪扫描窗口是否污染，如污染应立即清理。

3）常规清理：利用专用镜头纸轻轻擦拭激光雷达扫描窗口，以转圈的方式从内向外擦拭。

注意：在清理前请确认设备已经处于关闭状态；清理过程中，注意手或身体其他部位不要直接接触激光雷达扫描窗口。

（3）设备存储。

1）激光雷达设备的存储温度范围是−10～+60℃，存储环境要求通风干燥。

2）存储之前必须确保所有电源关闭，激光雷达防尘盖、相机镜头盖都已盖上。

3）存储时间超过一个月，应对其进行通电测试。

（4）设备运输。

1）激光雷达设备在运输过程中，应采用出厂时配备的包装箱。

2）若因特殊情况需要需另行包装，请确保包装箱具有一定的抗压性，并在箱外贴上"精密仪器""小心轻放""易碎"等标识，避免造成设备损坏。

3）仪器为精密仪器，运输和搬运过程中防止猛烈撞击，避免仪器内的光学部件损坏或造成方向偏离。

3．常见问题及解决方式

（1）数据采集时，点击工具栏中 Connection 图标，软件提示"Connection failed, Please try again！"，可能原因如下：

1）电脑 IP 设置不正确：检查电脑 IP 设置是否正确。

2）机载设备未供电：打开机载设备电源，等待 1min 后再次进行连接。

3）USB 线接触不良：重新进行电台和电脑的连接。

4）电脑 USB 口损坏：建议更换 USB 口或者笔记本电脑进行测试。

5）电台天线未充分紧固。

6）设备未正常启动，检查激光雷达设备是否 4 个灯都为常亮状态。

7）USB 线损坏：更换 USB 线。

8）检查电脑 WIFI 是否禁用，若未禁用，则将 WIFI 禁用后再次进行连接。

（2）相机未采集照片（SD 卡内无采集的影像数据），可能原因如下：

1）控制软件中的相机触发方式选择错误，需选择为"Trigger By Interval"。

2）相机 SD 卡被拨到硬件写保护状态（见图 6-7），需解除这一状态。

3）检查 SD 卡的系统文件是否被删除。需要重新拷贝一份系统文件（建议对 SD 卡系统文件进行备份）。

（3）拍摄得到的影像为全黑。原因是设备起飞前，未解除镜头盖。需要将镜头盖取下后了，重新进行数据采集。

（4）点击"Save to U Disk"，数据下载速度较慢。原因是 U 盘格式不正确，可在下次进行数据下载前，将 U 盘格式化为"exFAT"格式（注意 U 盘内数据的备份）。

（5）控制软件界面提示"Error：Failed to Mount SD Card！"。检查界面中提示的内存卡剩余空间是否足够，若剩余空间为 0MB，清空存储后再进行数据采集。

图 6-7  SD 卡硬件写保护状态及正常状态

# 第四节  无人机巡检系统调试

无人机巡检系统的调试内容包括无人机巡检系统的拆解和组装、旋翼桨迎角测量、电机性能检测和分析、电机座校准、地磁校准等相关工作。

1. 无人机巡检系统组装步骤

一般无人机巡检系统整套组装步骤如图 6-8 所示。

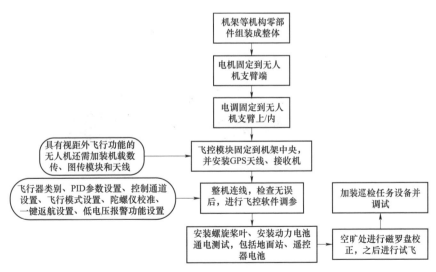

图 6-8  无人机巡检系统组装步骤

图 6-9　无人机旋翼迎角测量方法

2. 旋翼迎角测量

可用数字角度仪测量每个旋翼的角度是否完全一致，以防旋翼自身角度误差带来的额外能量消耗，测量方法如图 6-9 所示。

3. 电机性能检测和分析

地面拆除螺旋桨，姿态模式或者 GPS 模式启动，启动后油门推至 50%，大角度晃动机身、大范围变化油门量，使飞控输出动力。仔细聆听电机转动声音，并测量电机温度。测试需要逐渐增加时间，如电机温度正常，一开始测试 30s～1min 递增。用以检测电机与电调因兼容性问题，电调输出交流相位与电机不匹配，会导致电机堵转而坠机。

4. 电机座校准

可用数字角度仪测量每个电机座与中心板的角度是否完全水平，如图 6-10 所示。若没有数字角度仪也可采用气泡水平仪，当然测量精度略差，以防电机自身角度误差带来的额外能量消耗。

图 6-10　无人机电机座校准方法

5. 地磁校准

无人机首次使用必须进行地磁校准（见图 6-11），指南针才能正常工作。指南针易受到其他电子设备干扰而导致数据异常影响飞行，经常校准可使指南针工作在最佳状态。

步骤一
水平旋转飞行器约360°（保持机头朝外），当LED飞行指示灯显示绿灯常亮时，水平校准完成。

步骤二
垂直旋转飞行器约360°（机头朝下），当LED飞行指示灯显示绿灯闪烁时，校准完成。

图 6–11 无人机地磁校准方法

# 第五节 保障设备使用

## 一、万用表

万用表分为两大类：数字万用表和指针万用表，如图 6–12 所示。

(a)                                    (b)

图 6–12 常用万用表示例

(a) 数字万用表；(b) 指针万用表

1. 万用表的使用方法

（1）在使用万用表之前，应先进行机械调零，即在没有被测电量时，使万用表指针指在零电压或零电流的位置上。

（2）在使用万用表过程中，不能用手去接触表笔的金属部分，这样一方面可以保证测量的准确，另外也可以保证人身安全。

（3）在测量某一电量时，不能在测量的同时换档，尤其是在测量高电压或大电流时，更应注意。如需换挡，应先断开表笔，换挡后再去测量。

（4）万用表在使用时，必须水平放置，以免造成误差。同时，还要注意到避免外界磁场对万用表的影响。

（5）万用表使用完毕，应将转换开关置于交流电压的最大挡。如果长期不使用，还应将万用表内部的电池取出来，以免电池腐蚀表内其他器件。

（6）欧姆挡的使用过程中，应注意选择合适的倍率，使指针指示在中值附近，不能带电测量电阻，保证被测电阻不能有并联支路。测量晶体管、电解电容等有极性元件的等效电阻时，必须注意两支笔的极性。

2. 万用表的日常维护保养

（1）拨动开关时用力适度，避免造成不必要的开关金属片损坏。

（2）数字万用表要防潮。

（3）仪表结构精密，减少不必要的灰尘掉落。

（4）避免强烈的冲击与振动。

（5）避免在磁场较强的范围使用。

（6）万用表定期校准，校准时应选用同类或精度较高的数字仪表，按先校直流档，然后校交流档，最后校电容档的顺序进行。

（7）万用表不使用时，应当断开电源，长期不使用时应取出电池单独存放，以免电池溶解液流出腐蚀机内零件。

## 二、风速仪

常用的风速仪包括叶轮风速仪、温度计和热球风速仪。叶轮风速仪易于使用，常用于无人机的风速测定，它的工作原理是叶轮式探头把转动转换成电信号，先经过一个临近感应开头，对叶轮的转动进行计数，并产生一个脉冲系列，再经检测仪转换处理，即可得到转速值，其常见结构如图6-13所示。

1. 风速仪的使用方法

（1）将电池装入电池仓LCD屏幕显示，然后进入待机模式，装上电池盖；

（2）开机，LCD显示风速及温度，同时背光灯亮15秒后背光灯熄灭；

（3）按"MODE"键保持3秒，风速仪进入设置状态，此时可看到"m/s"风速单位闪动，按"SET"键选择风速温度，按背部转换开关，可实现单位转换；

（4）当风叶转动时，可实现风速测量，屏幕上显示风速值同时显示出温度值；

图 6－13 叶轮风速仪常见结构

（5）同时按"MODE"与"SET"键关机，开机 15 分钟无操作则自动关机。

2. 风速仪使用时的注意事项

（1）禁止在可燃性气体环境中使用风速仪。

（2）禁止将风速仪探头置于可燃性气体中。

（3）不要拆卸或改装风速仪，否则易导致电击或火灾。

（4）请依据使用说明书的要求正确使用风速仪。若使用不当，可能导致触电、火灾和传感器的损坏。

（5）在使用中，如遇风速仪散发出异常气味、声音或冒烟，或有液体流入风速仪内部，应立即关机取出电池。

（6）不要将探头和风速仪本体暴露在雨中。

（7）不要触摸探头内部传感器部位。

（8）风速仪长期不使用时，应取出内部的电池。

（9）不要将风速仪放置在高温、高湿、多尘和阳光直射的地方。

（10）不要用挥发性液体来擦拭风速仪。

（11）不要摔落或重压风速仪。

（12）不要在风速仪带电的情况下触摸探头的传感器部位。

### 三、卫星导航定位设备

无人机常用的卫星导航定位设备俗称 GPS 打点定位仪，兼具 GPS 导航、经纬度坐标采集、估计记录等功能。手持 GPS 的基本原理是测量出已知位置的卫星到用户接收机之间的距离，然后综合多颗卫星的数据就可知道接收机在 WGS−84 大地坐标系中的位置、速度等信息。以下以某品牌手持卫星导航设备为例（见图 6−14），介绍它的使用方法。

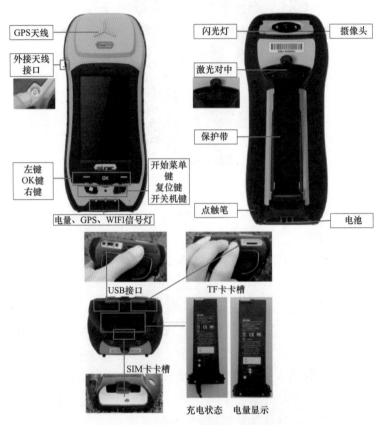

图 6−14　卫星导航定位设备示例

1. 卫星导航定位设备的使用方法

主机下部设计为 6 个按键和 3 个指示灯。6 个按键分别为电源键、复位键、WINDOWS 键（开始键）、OK 键、左功能键、右功能键；3 个指示灯分别为电源指示灯（红灯）、卫星指示灯（蓝灯）、无线数据指示灯（黄灯）。

（1）开机：长按电源键 1s，此时电源指示灯亮，出现开机画面，30s 后可进入到操作系统。

（2）关机：长按电源键 2s 弹出关机对话框，可选择需要的操作；也可以在出现了关机对话框后继续保持长按 1s 直接关机（即长按 3s 关机）。

（3）休眠和唤醒：开机状态下，短按电源键进入休眠状态，此时显示屏关闭，再次短按电源键时即可唤醒，点亮显示屏恢复到工作界面（3G 和 WIFI 在休眠模式下会断开连接，唤醒后会自动重连）。

（4）电池使用：设备内置 11.1V、2600mAh 锂电池，可拆装。在正常环境下，当背景光和声音都设置为中间值时，满电电池可连续工作 10h 左右，能够满足用户工作一天的需求。在实际工作中，根据具体情况适当调低背景光亮度，可适当延长工作时间。为使电池工作时间持续更长，可以采取合理使用背光、合理调节音量、保持数据采集器的温度等措施。

2. 卫星导航定位设备使用时的注意事项

（1）不应擅自拆开 GIS 数据采集器。

（2）应严格按照说明书使用或存放产品。

（3）在使用过程中应注意保护，避免不必要的伤害。

（4）产品所配电池、电源适配器等配件均为专用配件，禁止与其他配件配套使用。

### 四、电池电压检测仪

无人机常用电池电压检测仪如图 6-15 所示，可测量 2s～6s 锂聚合物、镍氢、镍铬等电池电压。

图 6-15　电池电压检测仪

1. 电池电压检测仪的使用方法

电池电压检测仪的一般使用步骤如下：

（1）将电池平衡接头接入正负极接口（注意正负极不要接反），按 TYPE 键可依次选择 LIPO（锂聚合物电池）、LIFE（锂铁电池）、LI-ION（锂离子电池）。

（2）按 CELL 键可依次显示每片电池的电压和剩余电量。按 MODE 键，依次显示电池电压、单片电压、单片最高电压、单片最低电压、单片最高及最低电压差。可显示 2s～6s 镍氢和镍镉电池的总片数和总电压。

2. 电池电压检测仪存储注意事项

（1）防潮，若受潮屏幕会变得模糊不清及损坏。

（2）使用防尘保护胶套整理平整。

（3）避免强烈的冲击与振动。

## 五、充电设备

1. 充电设备分类

无人机常用充电设备一般分为并行式平衡充电器和串行式平衡充电器。

（1）并行式平衡充电器。并行式平衡充电器是被充电的电池内部每节串联的电池都配备一个电镀的充电回路。每节电池都受到单独保护，并且每节电池都按规范在充满后自动停止充电，因此，是平衡式充电的最高形式，如图 6-16 所示。

（2）串行式平衡充电器。串行式平衡充电器充电回路接线是在电池的输出正负极上，在电池组的各单体电池上附加一个并联均衡电路，对单体电池电压进行平衡充电。

串行式平衡充电器如图 6-17 所示，主要用于动力电池的充电以及外场快速充电，可充电锂聚合物电池、锂离子电池、锂铁电池、镍铬电池和镍氢电池等多种型号电池。

图 6-16　并行式平衡充电器

图 6-17　串行式平衡充电器

2. 充电设备的使用方法

（1）首先保证充电设备处于开机状态，接入需要充电的电池，禁止电池充电过程中接入其他电池。

（2）选择电池类型，如果为锂聚合物电池，首先应根据电池属于低压版本（满电电压 4.2V）或高压版本（满电电压 4.35V），选择合适的充电电压和充电电流，一般充电电流不应大于电池容量的 2 倍，否则会造成电池过充，甚至电池爆炸。

（3）充电结束后，点击 STOP 键结束并拔掉电池。

3. 充电设备使用时的注意事项

（1）应将充电器置于儿童所能触及的范围之外。

（2）为确保安全，充放电时务必在视线范围内进行。若需离开，应将电池取出，以免产生危险。

（3）保证电池类型和电池组的片数选择正确，锂电池不能过充，否则易引发火灾。

（4）禁止改造和拆卸充电器。

（5）使用时请勿将充电器或电池置于危险品易燃物附近，不要在地毯、纸张、塑料制品、乙烯基塑料、皮革和木料上充电，也不要在航模上或者汽车内部充放电。

（6）不要遮盖充电器上的风扇口，不要在阳光直射、密闭空间或高温的环境中使用。

（7）勿将金属丝或其他导电的物体落入充电设备中。

（8）若电池出现漏液、涨鼓、外皮脱落、颜色改变或者变形等异常现象，禁止充电。

（9）禁止使用超出电池制造商规定的充电最大极限电流进行充电。

### 六、测高仪

卫星测高作为一项高科技测量技术，它以人造卫星作为测量仪器的载体，借助空间技术、电子技术、光电技术和微波技术等高新技术的发展，在空间大地测量领域引起了一场深刻的变革。卫星测高仪就是利用这一学科的技术，如图 6-18 所示。

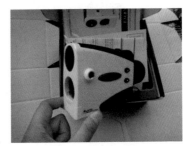

图 6-18　测高仪

1. 工作原理

测高仪是一种星载的微波雷达。测高仪的发射装置通过天线以一定的脉冲重复频率向地球表面发射调制后的压缩脉冲，经海面反射后，由接收机接收返回的脉冲，并测量发射脉冲的时刻与接收脉冲的时刻的时间差。根据此时间差及返回的波形，便可以测量出卫星到海面的距离，如图 6−19 所示。

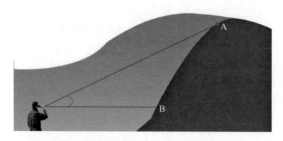

图 6−19　无人机测高仪测高原理图

2. 测高仪的使用方法

（1）将符合数显高度测量仪测量范围的仪器认真擦拭干净。

（2）根据测量仪准备好各种辅助测量工具。

（3）安装测量仪支撑架并安装部位锁紧。

（4）开机，轻按驱动轮电源按钮开启数显高度仪。

（5）开机后，慢慢旋转驱动轮使 B 线达到水平位置。

（6）到达水平位置之后观察显示器内位置数据。

（7）测量完毕后，请关闭电源以及数显高度测量仪电源做好维护保养工作。

3. 测高仪存储时的注意事项

每次测量使用完毕后关闭电源，用无尘布擦拭镜头、驱动轮防尘皮带及控制面板。擦拭完毕后，使用防尘保护胶套整理平整；每月按时用防锈润滑油保养仪身，不可用其他化学溶剂擦拭。电量用完后用专用的充电器充电。

### 七、点温枪

1. 工作原理

红外光谱的波段位于可见光以外，点温枪是通过非接触探测红外能量（热量），将其转换为电信号，进而在显示器上生成热成像和温度值，并可以对温度值进行计算的一种检测设备，如图 6−20 所示。

图 6−20　点温枪

2. 点温枪的使用与注意事项

（1）在进行测量的时候，应该要确保测量的平稳性。

（2）点温枪使用过程中，应该要调整一个合适的焦距。

（3）在测量时，应该要选择正确的测量距离。

## 八、油位计

1. 工作原理

变压器油位计采用悬浮原理。油位计里面有个浮标，当油面到浮标时有一个标志，如蓝色；当油面未到浮标时有另外一标志，如红色。如果浮标采用空心结构，那么当浮标有漏进油的时候，就会失去浮力而失效，从而产生假油位；另外，当连杆或滑壁卡死受阻，也会产生假油位，管式油位计如图 6–21 所示。

2. 油位计的使用和注意事项

（1）在变压器运行前一定要松开压力释放阀上的锁定螺丝，将锁位框取下或向下旋转90°，以保证压力释放阀能正常工作。

（2）变压器加入油量应使视窗中出现蓝色标识，此时为正常油位，变压器可以运行；如果视窗中出现红色标识，表示油位异常，应加油或对变压器进行检查。

（3）对油位计进行检修时，检查油位计视窗玻璃是否有破损或污渍，并及时更换清理。

## 九、频谱仪

频谱仪能分析射频以及微波信号，测量的信号包括功率、频率以及失真产物等，可在一定频率范围内扫描接收的接收机。无人机中频谱仪常用的功能主要是测量频率，如图 6–22 所示。

图 6–21　管式油位计

图 6–22　频谱仪

113

1. 工作原理

频谱仪采用频率扫描超外差的工作方式，混频器将天线上接收到的信号与本振产生的信号混频，当混频的频率等于中频时，这个信号可以通过中频放大器，被放大后，进行峰值检波。检波后的信号被视频放大器进行放大，然后放大出来。由于本振电路的振荡频率随着时间变化，因此频谱仪在不同的时间接收的频率是不同的。当本振振荡器的频率随着时间进行扫描时，屏幕上就显示出了被测信号在不同频率上的幅度，将不同频率上信号的幅度记录下来，就得到了被测信号的频谱。进行无人机频率干扰分析时候，根据这个频谱，就能够知道被测设备或空中电波是否有超过标准规定的干扰信号以及干扰信号的发射特征。

2. 频谱仪的使用方法

（1）按下"Power On"开机。

（2）每次开始使用时，开机 30min 后进行自动校准，先按"Shift+7（CAL）"，之后再按"cal all"键，校准过程中出现"Calibrating"字样，校准结束后如果通过则恢复校准前状态，校准过程约进行 3min 左右。

（3）校准好之后需设置中心频率数值，按下"FREQ"键之后会看到显示的数值以及单位，如需测量中心频率为 2.4GHz 的信号，按下该键后，在"DATA"区输入对应数值及数值的单位。

（4）按"SPAN"键，之后输入扫描的频率宽度大概值，然后键入单位（MHz、kHz 等）。

（5）按"LEVEL"键，输入功率参考点电平 REF（参考线）的数值，然后键入单位（+dBm、−dBm）。

（6）在"LEVEL"键下，按"REF offset on"，输入接头损耗、线耗以及仪器之间的误差值（单位 dB），如 3dB 的耗损时，直接设置 3dB。

（7）按"BW"键，分别设置带宽 RBW 和 VBW。RBW 为分辨带宽，指所测信号波形峰值下降 3dB 处信号波形的频率宽度；VBW 为视频宽度，主要用于消除信号的干扰波形，此两参数可在设置中心频率、扫描带宽、参考电平测出信号波形后再进行调整，参数单位为 GHz、MHz 或 KHz。

（8）按"SWEEP"键，再按"SWP time AUTO/MNL"输入扫描时间周期，键入单位（s 或 ms）。

（9）按"Shift+Recall"键，在"Save Item"选择"Setup on/off"状态下将以上设置好的信息保存，先选择保存位置（可选 1～10）按"ENTER"键。同时可选择保存于本机或软盘（RAM/FD）。保存下来的设置信息可在下次使用时直接调用，而不必重新设置。

（10）按"Recall"键，选择需要调用信息的位置按"ENTER"，将需要的设置信息调出。

（11）按"PK SRCH"键，通过"Mark"键可读出峰值数值，判断峰值是否合格。

3．频谱仪使用时的注意事项

（1）频谱仪使用过程中应选择比较平稳的支撑面，避免跌倒。

（2）使用位置应与电源有适当的距离，避免拉扯电源线太长。

（3）不能在浴室等潮湿的环境下使用。衣物、肌肤等不能直接与辐射体相接处。手指还有其他等尖锐物品不能插入防护网罩里面，避免不必要的电击事故。

（4）频谱仪在通电之后不能使用毛巾等其他衣物覆盖，不然会由于温度不断升高发生危险。

（5）频谱仪使用完毕后，要等到温度降到室温之后再进行保存，一般需要等待 20min。使用频谱仪如果出现电源线外皮割伤或者破损，以及表面异常发热等，要立即停止使用，并把电源切断，送至维修部门检查修理。

## 十、便携式发电机

在作业时为解决外场充电的需求，往往要为充电设备配备发电机组，一般选用质量比较轻的汽油发电机，便携式汽油发电机一般由动力部分和发电机部分组成，根据动力部分的不同一般分为两冲程发电机（见图 6-23）和四冲程发电机（见图 6-24），输出相同功率指标的两冲程发电机重量较轻，成本较低，工作噪声大，油耗高，使用混合油润滑的方式，发动机废气排放污染比较严重。四冲程发电机运行时比较平稳，噪声小，废气的排放对环境的污染比两冲程的小很多，油耗也很低，但是成本比两冲程的要高。

图 6-23　两冲程发电机　　　　图 6-24　四冲程发电机

1. 便携式发电机的使用方法

（1）开机前检查。

1）机油、冷却水的液位是否符合规定要求。机油液位应在机油尺高（H）低（L）标识之间，应在停机 15min 以后补充机油，冷却水液位应在膨胀水箱加水管颈下为宜。

2）检查日用燃油箱里的燃油量、润滑油量、进油、回油管路是否通畅。

3）清理机组及其附近放置的工具、零件及其他物品，以免机组运转时发生意外。

（2）启动、运行检查。

1）发电机启动前，务必将输出交流开关关闭（设置在"OFF"位置，开关向下），否则将损坏发电机，不能直接带负载启动。

2）打开电池开关（开关置于"ON"位置），此开关是发动机启动时所需的供电开关。

3）打开燃油开关，将油路开关置于"ON"位置，此开关是油箱与发电机的连接开关，否则油路不通。

4）减小风门，用以减少进入化油器进气道的空气量，增加喷油口的油压，加大混合气浓度，这样较容易启动，然后用力拉启动手柄。

5）发电机启动后，将风门退回原位，寒冷天气下应逐渐推回风门，并检查机油压力、机油温度、水温是否符合说明书规定要求。

6）检查各种仪表指示是否稳定并在规定范围内，检查气缸工作及排烟是否正常，检查运转时是否有剧烈振动和异常声响，检查供电后系统有否低频振荡现象。

7）一般常温启动需要运行 2～3min 后加载负载，寒冷时需要运行 3～5min 后加载负载，检查电压、频率（转速）达到规定要求并稳定运行后方可接通负载供电。

8）在燃油不足时，需停机冷却后方可添加燃油。

（3）关机、故障停机检查及记录。

1）正常关机：应先切断负荷，空载运行 3～5min 后再关闭油门停机。

2）紧急停机：当出现油压低、水温高、转速过高、电压异常、转速过高（飞车)或其他有发生人身事故或设备危险情况时，应立即切断油路和进气路紧急停车。

3）故障或紧急停车后应做好检查和记录，在机组未排除故障和恢复正常时不得重新开机运行。

2. 便携式发电机使用时的注意事项

（1）因为便携式发电机使用的是汽油，可燃性极高并会排出毒性气体，切勿在密闭的场所使用，必须在通风良好的场所使用。

（2）在加注燃油时候，务必将发电机关闭。

（3）切勿在加油时抽烟或在火焰附近进行加油。

（4）注意在加油时切勿使燃油溢出或洒漏在发动机的消音器上。

（5）在操作或移动时，要保持发电机直立，发电机倾斜会有燃油从化油器及油箱中泄漏而出现危险。

（6）应将发电机设置在儿童无法触及的地方。

（7）发电机在使用中切勿淋雨。

（8）发电机运转时请勿覆盖防尘罩。

（9）发电机运行时与建筑物或其他装置的距离保持最少 1m 以上，否则发电机会发热。

（10）燃油的存放处需采取防火安全措施，燃油携带运输及存储应采用专用燃油储油桶。

（11）便携式发电机使用后应检查燃油箱是否有泄露、油箱盖是否旋紧。

（12）长期存放的发电机应放空燃油箱。

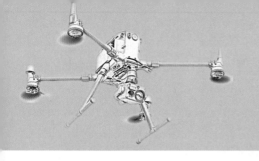

# 第七章

# 无人机巡检作业

 **第一节 巡检任务制定**

### 一、现场勘查

无人机巡检作业前，应根据巡检任务需求，收集所需巡检线路的地理位置分布图，提前掌握巡检线路走向和走势、交叉跨越、杆塔坐标、巡检区域地形地貌、起飞和降落点环境、交通运输条件及其他航线规划条件，对复杂地形、复杂气象条件下或夜间开展的无人机巡检作业以及现场勘察认为危险性、复杂性和困难程度较大的无人机巡检作业，应专门编制组织措施、技术措施、安全措施。现场勘察至少由无人机操作员和现场负责人参与完成，并正确填写"无人机巡检作业现场勘查记录单"。

### 二、危险源辨识

无人机巡检作业工作负责人应能正确评估被巡设备布置情况、线路走向和走势、线路交叉跨越情况、空中管制区分布、周边地形地貌、通信阻隔和无线电干扰情况、交通运输条件、邻近树竹及建筑设施分布、周边人员活动情况、作业时段及其他危险点等对巡检作业安全、质量和效率的影响；能根据现场情况正确制定为保证作业安全和质量需采取的技术措施和安全措施。

考虑到无人机巡检作业中可能出现的人身、设备安全隐患以及质量问题，为保障巡检作业的安全进行，尽可能降低安全事故，无人机巡检作业中常见风险及预防控制措施见表7-1。

表 7-1　　　　　　　　　　　　　风　险　及　预　控　措　施

| 风险范畴 | 风险名称 | 风险来源 | 预防控制措施 |
|---|---|---|---|
| 安全 | 起降现场 | 场地不平坦，有杂物，面积过小，周围有遮挡 | 按要求选取合适的场地 |
| | | 多旋翼无人机 3~5m 内有影响无人机起降的人员或物品 | 明确多旋翼无人机起降安全范围，严禁安全范围内存在人或物品 |
| | | 固定翼无人机在起降跑道上有影响无人机起降的人员或物品 | 明确固定翼无人机起降安全范围，拉起警戒带，严禁安全范围内存在人或物品 |
| | | 多旋翼无人机起飞和降落时发生事故 | (1) 巡检人员严格按照产品使用说明书使用产品；<br>(2) 起飞前进行详细检查；<br>(3) 注意阵风变化；<br>(4) 多旋翼无人机进行自检 |
| | | 固定翼无人机起飞和降落时发生事故 | (1) 巡检人员严格按照产品使用说明书使用产品；<br>(2) 起飞前进行详细检查；<br>(3) 固定翼无人机进行自检；<br>(4) 无人机操作员具备相应机型操作资质 |
| | 飞行故障及事故 | 飞行过程中零部件脱落 | 起飞前做好详细检查，零部件螺丝应紧固，确保各零部件连接安全、牢固 |
| | | 巡检范围内存在影响飞行安全的障碍物（交叉跨越线路、通信铁塔等）或禁飞区 | (1) 巡检前做好巡检计划，充分掌握巡检线路及周边环境情况资料；<br>(2) 现场充分观察周边情况；<br>(3) 作业时提高警惕，保持安全距离；<br>(4) 靠近禁飞区及时返航 |
| | | 微地形、微气象区作业 | 现场充分了解当前的地形、气象条件，作业时提高警惕 |
| | | 安全距离不足导致导线对多旋翼无人机放电 | 满足各电压等级带电作业的安全距离要求 |
| | | 无人机与线路本体发生碰撞 | 作业时无人机与线路本体至少保持水平距离 5m |
| | | 恶劣天气影响 | (1) 作业前应及时全面掌握飞行区域气象资料，严禁在雷、雨、大风（根据多旋翼抗风性能而定）或者大雾等恶劣天气下进行飞行作业；<br>(2) 在遇到天气突变时，应立即返场 |
| | | 通信中断 | (1) 预设通信中断自动返航功能；<br>(2) 根据现场情况，设置失控返航或悬停。设置为失控返航时，应注意检查返航高度以免发生碰撞 |
| | | 动力设备突发故障 | (1) 由自主飞行模式切换回手动控制，取得飞机的控制权；<br>(2) 迅速减小飞行速度，尽量保持飞机平衡，尽快安全降落 |
| | | GPS 故障或信号接收故障，多旋翼迷航 | 在测控通信正常情况下，由自主飞行模式切换回手动模式，尽快安全降落或返航 |

续表

| 风险范畴 | 风险名称 | 风险来源 | 预防控制措施 |
|---|---|---|---|
| 设备 | 飞机安全 | 多旋翼无人机遭人为破坏或偷盗 | 妥善放置保管 |
| | | 固定翼无人机相关设备、工具被借用或损坏 | 加强物资管理，做好登记，及时对损坏设备进行补充 |
| 人员 | 人员资质 | 人员不具备相应机型操作资格 | 无人机操作人员应经过专门培训，并取得相应机型等级的驾驶执照 |
| | 人员疲劳作业 | 人员长时间作业导致疲劳操作 | 及时更换作业人员 |
| | 人员中暑 | 高温天气下连续作业 | 准备充足饮用水，装备必要的劳保用品；携带防暑药品 |
| | 人员冻伤 | 在低温天气及寒风下长时间工作 | 控制作业时间、穿着足够的防寒衣物 |

### 三、航线规划

无人机巡检作业前一周，工作负责人根据巡检任务类型、被巡设备布置、无人机巡检系统技术性能状况、周边环境等情况正确规划巡检航线，按照国家有关民用航空器管理工作的相关法规，对无人机在输电线路通道两侧的空间内活动的规则、方式和时间等应进行提前申请，并得到正式许可。无人机巡检作业过程中严格按照批复后的空域进行航线规划，应充分考虑无人机巡检系统在飞行过程中出现偏离航线、导航卫星颗数无法定位、通信链路中断、动力失效等故障的可能性，合理设置安全策略。

### 四、巡检作业流程

无人机巡检系统作为人工巡检的辅助工具，人工巡检作业如需使用无人机巡检系统，需熟练掌握巡检方案编制要求、内容和注意事项；能根据巡检任务类型、现场勘察情况、无人机巡检系统技术性能状况、人员技能水平和后勤保障能力等因素正确编制巡检作业方案，且保证作业安全和质量的组织、技术和安全等各项措施完备正确。巡检作业任务前应提前制定详细的巡检方案并通过相关部门的审批才能执行。无人机巡检作业应严格按照巡检方案要求执行，具体作业流程如图 7-1 所示。

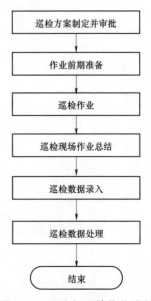

图 7-1　无人机巡检作业流程

## 第二节　输电线路精细化巡检

### 一、精细化巡视内容

多旋翼无人机精细化巡视是指利用多旋翼无人机对输电线路杆塔、通道及其附属设施进行全方位高效率巡视，可以发现螺栓、销钉等这些无法通过人工地面巡视发现的缺陷的巡视作业。巡检主要对输电线路杆塔、导地线、绝缘子串、金具、通道环境、基础、接地装置、附属设施等8大单元进行检查；巡检时根据线路运行情况和检查要求，选择性搭载相应的检测设备进行可见光巡检、红外巡检项目。巡检项目可以单独进行，也可以根据需要组合进行。可见光巡检主要检查内容为：导地线（光缆）、绝缘子、金具、杆塔、基础、附属设施、通道走廊等外部可见异常情况和缺陷。红外巡检主要检查内容为：导线接续管、耐张管、跳线线夹及绝缘子等相关发热异常情况。巡检内容见表7-2。

表7-2　　　　　　　　　　　巡 检 内 容 表

| 分类 | 设备 | 可见光巡检 | 红外巡检 |
|---|---|---|---|
| 线路本体 | 导地线 | 散股、断股、损伤、断线、放电烧伤、悬挂漂浮物、弧垂过大或过小、严重锈蚀、有电晕现象、导线缠绕（混线）、覆冰、舞动、风偏过大、对交叉跨越物距离不足等 | 发热点、放电点 |
| | 杆塔 | 杆塔倾斜、塔材弯曲、地线支架变形、塔材丢失、螺栓丢失、严重锈蚀、脚钉缺失、爬梯变形、土埋塔脚等 | — |
| | 金具 | 线夹断裂、裂纹、磨损、销钉脱落或严重锈蚀；均压环、屏蔽环烧伤、螺栓松动；防振锤跑位、脱落、严重锈蚀、阻尼线变形、烧伤；间隔棒松脱、变形或离位；各种连板、连接环、调整板损伤、裂纹等 | 连接点、放电点发热 |
| | 绝缘子 | 绝缘子自爆、伞裙破损、严重污秽、有放电痕迹、弹簧销缺损、钢帽裂纹、断裂、钢脚严重锈蚀或蚀损等 | 击穿发热 |
| | 其他 | 设备损坏情况 | 发热点 |
| | 光缆 | 损坏、断裂、弛度变化等 | |
| 附属设施 | 防鸟、防雷等装置 | 破损、变形、松脱等 | — |
| | 各种监测装置 | 缺失、损坏等 | — |

### 二、巡视步骤

输电线路无人机巡检现场作业人员应严格按照 Q/GDW 113399—2015《架空输

电线路无人机巡检作业安全规程》等标准的要求，明确巡检方法和巡检内容，认真开展巡检作业。

1. 精细化巡视要求

多旋翼无人机作业应尽可能实现对杆塔设备、附属设施的全覆盖，根据机型特点、巡检塔型应遵照标准化作业流程开展作业，巡检导地线、绝缘子串、销钉、均压环、防振锤等重要设备或发现缺陷故障点时，从俯视、仰视、平视等多个角度、顺线路方向、垂直线路方向以及距离设备 5m 处进行航拍。

多旋翼无人机巡检拍摄内容应包含塔全貌、塔头、塔身、杆号牌、绝缘子、各挂点、金具、通道等，具体拍摄内容见表 7-3。

表 7-3 拍 摄 内 容

| 拍摄部位 | | 拍摄重点 |
| --- | --- | --- |
| 直线塔 | 塔概况 | 塔全貌、塔头、塔身、杆号牌、塔基 |
| | 绝缘子串 | 绝缘子 |
| | 悬垂绝缘子横担端 | 绝缘子碗头销、保护金具、铁塔挂点金具 |
| | 悬垂绝缘子导线端 | 导线线夹、各挂扳、联板等金具 |
| | | 碗头挂板销 |
| | 地线悬垂金具 | 地线线夹、接地引下钱连接金具、挂板 |
| | 通道 | 小号侧通道、大号侧通道 |
| 耐张塔 | 塔概况 | 塔全貌、塔头、塔身、杆号牌、塔基 |
| | 耐张绝缘子横担端 | 调整板、挂板等金具 |
| | 耐张绝缘子导线端 | 导线耐张线夹、各挂板、联板、防振锤等金具 |
| | 耐张绝缘子串 | 每片绝缘子表面及连接情况 |
| | 地线耐张（直线金具）金具 | 地线耐张线夹、接地引下钱连接金具、防振锤、挂板 |
| | 引流线绝缘子横担端 | 绝缘子碗头销、铁塔挂点金具 |
| | 引流绝缘子导线端 | 碗头挂板销、引流线夹、联板、重锤等金具 |
| | 引流线 | 引流线、引流线绝缘子、间隔棒 |
| | 通道 | 小号侧通道、大号侧通道 |

（1）总体原则。多旋翼无人机巡检路径规划的建议是：面向大号侧先左后右，从下至上（对侧从上至下），先小号侧后大号侧。有条件的单位，应根据输电设备结构选择合适的拍摄位置，并固化作业点，建立标准化航线库。航线库应包括线路名称、杆塔号、杆塔类型、布线型式、杆塔地理坐标、作业点成像参数等信息。

（2）直线塔建议拍摄原则。

1）单回直线塔：面向大号侧先拍左相，再拍中相，后拍右相；先拍小号侧，后拍大号侧。

2）双回直线塔：面向大号侧先拍左回，后拍右回；先拍下相，再拍中相，后拍上相（对侧先拍上相，再拍中相，后拍下相，∩型顺序拍摄），先拍小号侧，后拍大号侧。

（3）耐张塔建议拍摄原则。

1）单回耐张塔：面向大号侧先拍左相，再拍中相，后拍右相；先拍小号侧，再拍跳线串，后拍大号侧。小号侧先拍导线端，后拍横担端；跳线串先拍横担端，后拍导线端；大号侧先拍横担端，后拍导线端。

2）双回耐张塔：面向大号侧先拍左回，后拍右回；先拍下相，再拍中相，后拍上相（对侧先拍上相再拍中相后拍下相，∩型顺序拍摄）；先拍小号侧，再拍跳线，后拍大号侧；小号侧先拍导线端，后拍横担端；跳线串先拍横担端，后拍导线端；大号侧先拍横担端，后拍导线端。

2. 典型塔型精细化巡检

交流线路单回直线酒杯塔的无人机巡检路径规划如图 7-2 所示，推荐的拍摄方式见表 7-4，其他塔型参考执行。

图 7-2　交流线路单回直线酒杯塔无人机巡检路径规划

表 7-4　　　　　　交流线路单回直线酒杯塔无人机巡检推荐拍摄方式

| 无人机悬停区域 | 拍摄部位编号 | 拍摄部位 | 无人机拍摄位置 | 拍摄角度 | 拍摄质量要求 |
|---|---|---|---|---|---|
| A | 1 | 塔全貌 | 从杆塔远处，并高于杆塔，杆塔完全在影像画面里 | 俯视 | 塔全貌完整，能够清晰分辨塔材和杆塔角度，主体上下占比不低于全幅80% |
| B | 2 | 塔头 | 从杆塔斜上方拍摄 | 俯视 | 能够完整看到杆塔塔头 |
| C | 3 | 塔身 | 杆塔斜上方，略低于塔头拍摄高度 | 平/俯视 | 能够看到除塔头及塔基部位的其他结构全貌 |
| D | 4 | 杆号牌 | 无人机镜头平视或俯视拍摄塔号牌 | 平/俯视 | 能清晰分辨杆号牌上线路双重名称 |
| E | 5 | 塔基 | 走廊正面或侧面面向塔基俯视拍摄 | 俯视 | 能够看清塔基附近地面情况，拉线是否连接牢靠 |
| F | 6 | 左相导线端挂点 | 面向金具锁紧销安装侧，拍摄金具整体 | 平/俯视 | 能够清晰分辨螺栓、螺母、锁紧销等小尺寸金具及防振锤。设备相互遮挡时，采取多角度拍摄。每张照片至少包含一片绝缘子 |
| F | 7 | 左相绝缘子串 | 正对绝缘子串，在其中心点以上位置拍摄 | 平视 | 需覆盖绝缘子整串，可拍多张照片，最终能清晰分辨绝缘子片表面损痕和每片绝缘子连接情况 |
| F | 8 | 左相横担挂点 | 与挂点高度平行，小角度斜侧方拍摄 | 平/俯视 | 能够清晰分辨螺栓、螺母、锁紧销等小尺寸金具。设备相互遮挡时，采取多角度拍摄。每张照片至少包含一片绝缘子 |
| G | 9 | 左侧地线 | 高度与地线挂点平行或以不大于30°角度俯视，小角度斜侧方拍摄 | 平/俯/仰视 | 能够判断各类金具的组合安装状态，与地线接触位置铝包带安装状态，清晰分辨锁紧位置的螺母销级物件。设备相互遮挡时，采取多角度拍摄 |
| H | 10 | 中相横担挂点 | 与挂点高度平行，小角度斜侧方拍摄 | 平视 | 能够清晰分辨螺栓、螺母、锁紧销等小尺寸金具。设备相互遮挡时，采取多角度拍摄。每张照片至少包含一片绝缘子 |
| H | 11 | 中相绝缘子串 | 正对绝缘子串，在其中心点以上位置拍摄 | 平视 | 需覆盖绝缘子整串，可拍多张照片，最终能够清晰分辨绝缘子片表面损痕和每片绝缘子连接情况 |
| H | 12 | 中相导线端挂点 | 与挂点高度平行，小角度斜侧方拍摄 | 平视 | 能够清晰分辨螺栓、螺母、锁紧销等小尺寸金具及防振锤。设备相互遮挡时，采取多角度拍摄。每张照片至少包含一片绝缘子 |

| 无人机悬停区域 | 拍摄部位编号 | 拍摄部位 | 无人机拍摄位置 | 拍摄角度 | 拍摄质量要求 |
|---|---|---|---|---|---|
| H | 13 | 中相绝缘子串 | 正对绝缘子串,在其中心点以上位置拍摄 | 平视 | 需覆盖绝缘子整串,可拍多张照片,最终能够清晰分辨绝缘子片表面损痕和每片绝缘子连接情况 |
| H | 14 | 中相横担挂点 | 正对横担挂点位置拍摄 | 平/俯视 | 能够清晰分辨挂点锁紧销等金具 |
| I | 15 | 右侧地线 | 高度与地线挂点平行或以不大于30°角度俯视,小角度斜侧方拍摄 | 俯视 | 能够判断各类金具的组合安装状态,与地线接触位置铝包带安装状态,清晰分辨锁紧位置的螺母销级物件。设备相互遮挡时,采取多角度拍摄 |
| J | 16 | 右相横担处挂点 | 与挂点高度平行,小角度斜侧方拍摄 | 平视 | 能够清晰分辨螺栓、螺母、锁紧销等小尺寸金具。设备相互遮挡时,采取多角度拍摄。每张照片至少包含一片绝缘子 |
| J | 17 | 右相绝缘子串 | 正对绝缘子串,在其中心点以上位置拍摄 | 平视 | 需覆盖绝缘子整串,如无法覆盖则至多分两段拍摄,最终能够清晰分辨绝缘子片表面损痕和每片绝缘子连接情况 |
| J | 18 | 右相导线端挂点 | 与挂点高度平行,小角度斜侧方拍摄 | 平视 | 能够清晰分辨螺栓、螺母、锁紧销等小尺寸金具及防振锤。设备相互遮挡时,采取多角度拍摄。每张照片至少包含一片绝缘子 |
| K | 19 | 小号侧通道 | 塔身侧方位置先小号通道,后大号通道 | 平视 | 能够清晰完整看到杆塔的通道情况,如建筑物、树木、交叉、跨越的线路等 |
| K | 20 | 大号侧通道 | 塔身侧方位置先小号通道,后大号通道 | 平视 | 能够清晰完整看到杆塔的通道情况,如建筑物、树木、交叉、跨越的线路等 |

特殊情况下,可采用多旋翼无人机开展通道巡检,其图像及视频采集的采集方式和采集范围同固定翼无人机。

3. 图像及视频采集标准

多旋翼无人机开展本体精细化巡检时,其图像采集内容包括杆塔及基础各部位、导地线、附属设施、大小号侧通道等;采集的图像应清晰,可准确辨识销钉级缺陷,拍摄角度合理。拍摄要求见表7-5。

表 7−5　　　　　　　　　　　拍 摄 要 求 表

| 序号 | 采集部位 | 图像示例 | 拍摄要求 | 应能反映的缺陷内容 |
|---|---|---|---|---|
| 1 | 塔（杆）标识标牌 | | 拍摄杆塔所有标识标牌（可多块在同一张照片，也可单独拍摄） | 标识标牌缺失、损坏、字迹或颜色不清、严重锈蚀等 |
| 2 | 基面及塔腿 | | 从 A–B、B–C、C–D、D–A 四个面分别拍摄基面及塔腿全貌 | 回填土下沉或缺土、水淹、冻胀、堆积杂物；基础破损酥松、裂纹、露筋、下沉、上拔、保护帽破损；接地引下线断裂、松脱、严重锈蚀外露、雷电烧痕；防洪、排水、基础保护设施坍塌、淤堵、破损等 |
| 3 | 塔头 | | 从线路大、小号侧分别拍摄塔头全貌 | 塔材及地线支架明显变形和受损、塔材缺失、严重锈蚀导地线掉串掉线、悬挂异物等 |
| 4 | 塔身 | | 整体或分段拍摄 A–B、B–C、C–D、D–A 四个面全貌（不同面可分别拍摄，也可多面拍摄一张照片） | 塔材明显变形、受损和缺失；严重锈蚀悬挂异物等 |
| 5 | 全塔 | | 从大、小号侧分别拍摄杆塔全貌 | 主材明显变形、杆塔倾斜悬挂异物、导地线掉串掉线等 |

| 序号 | 采集部位 | | 图像示例 | 拍摄要求 | 应能反映的缺陷内容 |
|---|---|---|---|---|---|
| 6 | 每串绝缘子串 | 绝缘子串导线端 — 耐张串 | | 近似垂直导线方向上、下、左、右分别拍摄；每张照片均应包括所有线夹、金具螺栓，且每串不少两片绝缘子 | 导线从线夹抽出；线夹断裂裂纹、磨损；螺栓及螺帽松动、缺失；连接板、连接环调整板损伤、裂纹；销钉脱落或严重锈蚀；均压环、屏蔽环脱落、断裂、烧losses；绝缘子弹簧销缺损，钢帽裂纹、断裂，钢脚严重锈蚀或破损等 |
| | | 绝缘子串导线端 — 悬垂串 | | 近似垂直导线方向上、下、左、右分别拍摄；每张照片均应包括所有线夹、金具、螺栓，且每串不少两片绝缘子 | 导线滑移；线夹断裂、裂纹磨损；螺栓及螺帽松动、缺失；连接板、连接环、调整板损伤、裂纹销钉脱落或严重锈蚀；均压环、屏蔽环脱落、断裂、烧损；绝缘子弹簧销缺损，钢帽裂纹、断裂钢脚严重锈蚀或破损等 |
| | | 绝缘子串挂点 — 耐张串 | | 近似垂直导线方向上、下、左、右分别拍摄；每张照片均应包括所有线夹、金具螺栓，挂点塔材，且每串不少两片绝缘子 | 螺栓及螺帽松动、缺失；连接板、连接环调整板损伤、裂纹；销钉脱落或严重锈蚀；挂点塔材变形；绝缘子弹簧销缺损，钢帽裂纹、断裂，钢脚严重锈蚀或破损等 |
| | | 绝缘子串挂点 — 悬垂串 | | 近似垂直导线方向上、下、左、右分别拍摄；每张照片均应包括所有线夹、金具螺栓、挂点塔材，且每串不少两片绝缘子 | 螺栓及螺帽松动、缺失；连接板、连接环调整板损伤、裂纹；销钉脱落或严重锈蚀；挂点塔材变形；绝缘子弹簧销缺损，钢帽裂纹、断裂，钢脚严重锈蚀或破损等 |
| | | 绝缘子串挂点 — 耐张串 | | 近似垂直导线方向上、下、左、右分别拍摄；每张照片均应包括整个绝缘子串 | 伞裙破损、严重污秽、有放电痕迹；弹簧销缺损；钢帽裂纹、断裂；钢脚严重锈蚀或破损；绝缘子串顺线路方向倾斜角过大；绝缘子自爆等 |

续表

| 序号 | 采集部位 | | | 图像示例 | 拍摄要求 | 应能反映的缺陷内容 |
|---|---|---|---|---|---|---|
| 6 | 每串绝缘子串 | 绝缘子串挂点 | 悬垂串 | | 近似垂直导线方向左、右分别拍摄；每张照片均应包括整个绝缘子串 | 伞裙破损、重污秽、有放电痕迹；弹簧销缺损；钢帽裂纹、断裂；钢脚严重锈蚀或破损；绝缘子串顺线路方向倾斜角过大；绝缘子自爆等 |
| 7 | 每串地线或光纤金具串 | | 耐张串 | | 近似垂直地线方向内、外两侧分别拍摄；拍摄内容应包括整个金具串及连接的地线、塔材 | 地线从线夹抽出；线夹断裂裂纹、磨损；螺栓及螺帽松动、缺失；连接板、连接环调整板损伤、裂纹；销钉脱落或严重锈蚀、连接点塔材变形等 |
| | | | 直线串 | | 近似垂直地线方向内、外两侧分别拍摄；每张照片均应包括整个金具串及连接的地线、塔材 | 地线滑移；线夹断裂、裂纹磨损；螺栓及螺帽松动、缺失；连接板、连接环、调整板损伤、裂纹销钉脱落或严重锈蚀、连接点塔材变形等 |
| 8 | 每根引流线 | | | | 近似垂直线路方向内、外两侧分别拍摄；每个方向可多张拍摄或只拍一张；每个方向拍摄的内容汇总后应包括引流线两端线夹及之间的所有导线 | 引流线松股、散股、断股、表层受损、断线、放电烧伤分裂导线扭绞，间隔棒松脱、变形或离位等 |
| 9 | 每处防振锤 | | | | 近似垂直线路方向内、外两侧分别拍摄；每个方向可多张拍摄或只拍一张；每个方向拍摄的内容汇总后应包括所有防振锤 | 防振锤跑位、脱落、严重锈蚀、阻尼线变形、烧伤等 |

| 序号 | 采集部位 | 图像示例 | 拍摄要求 | 应能反映的缺陷内容 |
|---|---|---|---|---|
| 10 | 每相导线、地线OPGW | | 至少从两个方向拍摄分段拍摄，每相拍摄内容汇总后应包括整根导线（地线、OPGW）及所有间隔棒 | 散股、断股、损伤、断线、放电烧伤、悬挂漂浮物、严重锈蚀；分裂导线扭绞、覆冰；间隔棒松脱、变形或离位等 |
| 11 | 每个附属设施 | | 附属设施包括各种防雷、防鸟、在线监测装置；每个附属设施至少从两个方向拍摄全貌 | 防雷设置破损、变形、引线松脱、螺栓松脱、销钉脱落或严重锈蚀、放电间隙变化、烧伤、计数器动作情况等；防鸟装置缺失、破损、变形、螺栓松脱销钉脱落或严重锈蚀等；在线监测装置外观损坏、引线松脱、螺栓松脱、销钉脱落或严重锈蚀等 |
| 12 | 大小号侧通道 | | 本基杆塔下相导线侧面分别拍摄大、小号侧顺线路方向分别至下一基杆塔的通道整体情况 | 通道内建（构筑物、鱼塘、水库、农田、树竹生长、施工作业情况及周边及跨越的电力及通信线路、道路、铁路、索道、管道情况；地质情况等 |

注 若一张照片上包含了多个采集对象，且拍摄质量满足辨识要求，可不再对每个对象分别拍摄。

# 第三节 配电线路精细化巡检

## 一、配电线路精细化巡检内容

配电线路精细化巡检时，应至少拍摄以下视频（图片）：杆塔安全、健康、环境标识图，杆塔全景图，杆塔基础图，杆塔设备近景图，杆塔重点构件近景图，沿线概况图。

1. 杆塔安全、健康、环境标识图

每基杆塔拍摄时，应先拍摄杆塔号图用以资料整理时区分相邻杆塔照片。如遇杆塔牌缺失或无法采集情况，应以其他便于区分的安全、健康、环境标识牌代替，如开关牌、刀闸牌或跌落式熔断器牌等。如无其他安全、健康、环境标识牌则必须由监护人记录该基杆塔全部拍摄照片编号。

2. 杆塔全景图

杆塔全景图应以杆塔的斜侧向俯拍，用以清楚直观地观察到杆塔周围情况，杆塔自身有无倾斜或断裂，杆塔周围树木生长情况，杆塔周围施工作业情况，杆塔上有无危及安全的鸟巢、锡箔纸、风筝、绳索等杂物。如有隐患或缺陷在通过调整位置，清晰拍摄隐患或缺陷近景图。

3. 杆塔基础图

杆塔基础图应拍摄清楚基础有无下沉或上拔、损坏现象，是否处于围堤、河冲、禾田、鱼塘边等位置，有无被水淹、水冲的可能。防洪和护坡设施有无损坏、坍塌。杆塔周围培土是否足够、有无开挖情况。如因高杆植物或基础表面植被原因无法拍摄清楚，应由监护人记录清楚，改由人巡方式确认基础情况。

4. 杆塔设备近景图

杆塔设备近景图应清晰地反映出设备运行现状，针对不同设备可能的缺陷类型重点拍摄。

（1）配电变压器。

1）套管是否严重污秽，有无裂纹、损伤、放电痕迹。

2）油面是否正常，检查油质是否透明、微带黄色。

3）呼吸器是否正常，有无堵塞现象。

4）各个电气连接点有无锈蚀、过热和烧损现象。

5）外壳有无锈蚀；焊口有无裂纹、渗油；接地是否良好。

6）各部分密封垫有无老化、开裂、缝隙，有无渗油现象。

7）铭牌及其他标志是否完好。

8）变压器台架上的配电箱是否完好整洁。

9）变压器高压侧引线是否松弛适中。连接一次引线与跌落式开关（或隔离开关）的铜铝线耳（或铜铝线夹）是否有受力弯曲，铜铝连接处有无氧化及裂缝。

10）杆上变压器台架高度是否满足要求，台架底座槽钢有无锈蚀，电杆有无倾斜、下沉。

11）台架周围有无杂草丛生、杂物堆积，有无生长较高的农作物、树竹、蔓藤植物接近带电体。

（2）柱上开关。

1）$SF_6$ 开关应检查开关气压仪表指示是否正常。

2）套管有无破损、裂纹、严重脏污和闪络放电痕迹。

3）开关的固定是否牢固，上盖有无鸟巢，引线接点和接地是否良好，线间和对地距离是否足够。

4）开关分、合闸位置指示是否正确。

5）铭牌及其他标志是否完好。

6）柱上开关的底部对地距离是否满足要求。

（3）隔离开关和跌落式熔断器。

1）瓷件有无裂纹、闪络、破损及脏污。

2）熔丝管有无弯曲、变形。

3）触头间接触是否良好，有无过热、烧损、熔化现象。

4）各部件的组装是否良好，有无松动、脱落。

5）引线连接是否良好，与各部件间距是否合适。

6）安装是否牢固、相间距离、倾斜角是否符合规定。

7）操动机构有无锈蚀现象。

8）铭牌及其他标志是否完好。

（4）避雷器和接地装置。

1）避雷器是否完好，与其他设备的连接固定是否可靠。

2）接地引下线有无断线、被盗，接地体是否外露。

5. 杆塔重点构件近景图

杆塔重点构件近景图应清晰地反映出重点构件运行现状，针对不同设备可能的缺陷类型重点拍摄。

（1）架空导线。

1）导线有无断股、损伤（闪烙烧伤）、背花痕迹，位于化工区等腐蚀严重场所的导线有无腐蚀现象。

2）导线的三相弛度是否平衡，有无过紧、过松现象。导线接头（连接线夹）有无过热变色，导线在线夹内有无滑脱现象。连接线夹螺帽是否紧固。

3）过（跳）引线、引下线与相邻导线之间的最小间隙是否符合规定。

4）绝缘导线的绝缘层、接头有无损伤、严重老化、龟裂和进水的可能。

5）导线上有无悬挂威胁安全的杂物（如锡箔纸、风筝、绳索等），绝缘导线相间有无跨搭金属线等导电物体。

（2）绝缘子。

1）绝缘子瓷件有无磨损、裂纹、闪络痕迹和严重脏污。

2）铁脚和铁帽有无严重锈蚀、松动、弯曲现象。

3）绝缘子是否严重偏移、歪斜。

4）绝缘子上固定导线的扎线有无松弛、开断、烧伤等现象。

（3）横担和金具。

1）横担有无严重锈蚀、歪斜、变形，固定横担的 U 形卡或螺栓是否松动。

2）金具有无严重锈蚀、变形；螺栓是否紧固，有无缺帽，开口销有无锈蚀、断裂、脱落。

6. 沿线概况图

（1）线路交叉跨越。10kV 配电线路与各电压等级电力线路、弱电线路等的垂直交叉和水平距离是否符合规定。

（2）沿线环境。

1）线路走廊附近有无抛扔杂物情况，有无容易被风刮起而危及线路安全的金属丝、锡箔纸、塑料布等杂物。

2）线路走廊附近有无危及线路安全运行的临时工棚、建筑脚手架、广告牌等，有无违章建筑物。

3）有无施工单位（或自然人）在线路保护区内进行打桩、钻探、开挖、地下采掘等作业。

4）导线对树木、道路、铁路、管道、索道、河流、建筑物、通信线等距离是否符合规定。

5）沿线有无易燃、易爆物品。线路附近有无爆破工程，安全防护措施是否妥当。

6）线路巡查和检修的通道是否畅通，警示牌是否完好、清晰。

7）沿线有无江河水泛滥、山洪爆发和基础塌方等异常现象发生。

（3）10kV 电力电缆线路。

1）电缆路径的路面是否正常，有无挖掘痕迹；电缆沟盖板是否完整。

2）电缆路径上有无堆置瓦砾、矿渣、建筑材料、重型设备、酸碱性排泄物或砌碴石灰坑等。

3）沿桥梁敷设的电缆，桥梁两端电缆是否拖拉过紧，保护管、槽有无脱开或锈烂现象。

### 二、配电线路精细化巡检方式

1. 斜对角俯拍

对电杆及铁塔拍摄宜采用斜对角俯拍方式，尽可能将全部人巡无法看到、无法看清部位单张或分张拍摄清楚。

斜对角俯拍方式是指无人机高度高于被拍摄物体，并且中轴线延长线与线路走向成 15°～60°角方向拍摄，然后将无人机旋转 180°飞至被拍摄物体对侧再次拍摄。使用此方法可以以较少的拍摄图片尽可能地多采集被拍摄物体信息。

2. 近距离拍摄

拍摄设备近景图时，应提前确认线路设备周围情况，如附近有无高杆植物，有无其他高压线路、低压线路或通信线，有无拉线，有无其他可能对无人机造成危害的其他障碍物。无人机拍摄时，后侧至少保持 3m 安全距离。如无人机受电磁或气流干扰应向后轻拨摇杆，将无人机水平向后移动。使用无人机失控自动返航功能时，禁止在高低压导线、通信线、拉线正下方飞行，以免无人机失控自动返航时，撞击正上方线路。对于有拉线的杆塔，严禁无人机环绕杆塔飞行。拍摄时无人机姿态调整应以低速、小舵量控制。

3. 降低飞行高度

无人机在需要降低高度飞行时，应采用无人机摄像头垂直向下，遥控器显示屏可以清晰观察到下降路径情况时方可降低飞行高度。降低飞行前规划好无人机升高线路，避免无人机撞击上侧盲区物体。

4. 转移作业地点

无人机转移作业地点前，应将无人机上升至高于线路及转移路径上全部障碍物高度沿直线向前飞行。

## 第四节　通　道　巡　检

通道巡检是对线路通道、周边环境、沿线交叉跨越、施工作业等进行检查，以便及时发现和掌握线路通道环境的动态变化。线路通道巡检对象包括建（构）筑物、树木（竹林）、施工作业、采动影响区、火灾、交叉跨越、防洪、排水、基础保护设施、道路桥梁、污染源、自然灾害等。目前常用的通道巡检技术方式主要包括可见光拍摄技术、倾斜摄影（多角度照相测距）技术、激光扫描三维成像、小型激光旋翼无人机通道巡检等技术。

## 一、技术与应用

1. 可见光照片拍摄

采用可见光对线路通道等影响线路周边运行的环境开展巡检任务，在获取高清图像后，可以获知线路通道环境状态信息、线路设备定位信息，再通过专业图像后期处理对图像进行拼接处理，获得通道走廊连续正摄影像数据，当发现通道疑似隐患，可对其进行标注，做进一步分析确认。

2. 倾斜摄影（多角度照相测距）技术

无人机多角度影像三维重建技术是计算机图形及遥感领域近年发展起来的一项新兴技术，通过无人机飞行平台搭载单相机或多相机，在空中多个角度获取通道走廊高分辨率影像，由三维处理软件对通道完整准确的信息进行处理可自动生成通道走廊场景三维模型。快速高效的作业流程及逼真的场景还原效果，使多角度影像技术在通道巡检领域具有广阔的应用前景。

3. 激光扫描三维成像技术

在小范围、时效性要求较高的通道巡检工作中，可使用搭载小型激光雷达的小型消费级旋翼无人机，进行通道巡检作业。虽然其测量距离有限，仅有 20～30m，但其可通过激光雷达实现导航、避碰、测距等多重功能，能获得带电体安全邻域范围内的各类危险点空间距离信息，以其信息采集作业和数据处理过程迅速，应用成本低的优势特点，更适合于在基层班组配置。

## 二、固定翼无人机线路通道巡检要求及范围

无人机通道巡检里程长，照片拍摄连续性要求高，固定翼无人机具备飞行时间长、飞行速度快等特点，相比旋翼无人机，使用固定翼无人机进行通道巡检更具有经济性和时效性。

开展通道巡检，固定翼无人机进行架空线路通道、周边环境、沿线交跨、施工作业等情况拍摄高清航片和采集线路数据，及时发现和掌握线路通道环境的动态变化情况。在重点线路、运行情况不佳的老旧线路、缺陷频发线路、易受外力破坏区线路、树竹易长区线路、偷盗多发区线路、采动影响线路、易建房区线线路应加强巡检力度，或建立固定翼无人机常态化巡检机制。

固定翼无人机对架空线路通道巡检范围按照表 7-6 执行。

表 7-6 固定翼无人机架空线路通道巡检内容

| 巡检对象 | 巡检内容 |
| --- | --- |
| 建（构）筑物 | 有无违章建筑、导线与建（构）筑物安全距离不足等 |
| 树木（竹林） | 树木（竹林）与导线安全距离是否充足等 |
| 施工作业 | 线路下方或附近有无危及线路安全的施工作业等 |
| 火灾 | 线路附近有无烟火现象、有无易燃易爆物堆积等 |
| 交叉跨越 | 有无新建或改建电力、通信线路、道路、铁路、索道、管道等 |
| 防洪、排水、基础保护设施 | 有无坍塌、淤堵、破损等 |
| 自然灾害 | 有无地震、洪水、泥石流、山体滑坡等引起通道环境变化 |
| 道路桥梁 | 巡线道、桥梁有无损坏等 |
| 污染区 | 是否出现新的污染源或污染加重等 |
| 采动影响区 | 有无裂纹、塌陷等情况 |

# 第五节 故 障 巡 检

## 一、故障巡检流程及内容

故障巡视是为了查明线路上发生故障接地、跳闸的原因，找出故障点位置并查明故障情况。故障巡视应在发生故障后及时进行，巡视范围为发生故障的区段或全线。线路接地故障或者短路发生之后，无论是否重合成功，都需要立即组织故障巡视。如果重合闸重合不成功，大多是永久性故障，危害较大，查明故障的时间直接关系到线路故障停电的时间，需要在故障发生第一时间开展故障查线工作，宜利用固定翼无人机飞行时间长、巡检速度快特点，首先进行线路故障普查工作，然后再开展旋翼无人机、人机协同精细化巡检工作，可以更快速高效的发现故障位置；如果重合闸重合成功，一般是瞬时或者暂态性故障，故障危害程度较低，暂不影响线路运行，查找故障位置时间较为充足，可利用旋翼无人机开展故障查找作业。具体如图 7-3 所示。

具体无人机故障查线作业流程，可分为两部分：航巡数据处理和故障原因分析。航巡数据处理由无人机携带的任务设备和图像辅助分析系统完成。无人机作为搭载平台，搭载供电设备、检测设备、控制设备等硬件设施到达空中完成指定作业。无线通信链路包括无线图传、无人机遥控、相机无线遥控等三种数据，分别实现实时视频传输、飞行操控、遥控拍摄照片。地面站由地面终端（可以为车载终端、便携

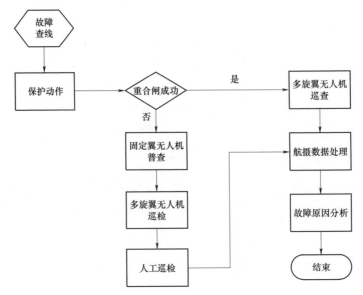

图 7-3 无人机故障巡检流程图

式终端等）、遥控和飞巡装置等构成，完成无人机控制、目标的巡视、数据采集、实时视频展示等功能，并在野外现场进行数据预处理，判断巡视结果，同时将处理结果及原始图片等信息通过 GPRS/3G/4G 等网络上传监控中心以做进一步的分析和存储。

具体常见的线路故障如下：

（1）雷击故障巡检。线路上遭受雷击，常常造成绝缘子串的闪络，使引起电源开关跳闸，有时还会造成绝缘子炸裂或绝缘子串脱开，从而造成永久性的接地故障。有时雷击还会导致还能把架空导线地线损伤甚至熔断打断，把导线、接地线及其金具烧伤，甚至熔化烧断。当发生雷击故障时候，在故障测距给出故障点的相邻几个区段内，根据无人机的飞行特点和性能完成故障点的精确查找，在故障点巡查过程中应注意查看铁塔有无放电烧伤痕迹、导线有无放电烧伤痕迹、接地引下线与塔材连接处有无放电痕迹、绝缘子及金具有无放电烧伤痕迹，并拍摄可见光照片。

（2）异物巡检。线路上存在异物时，引起接地、短路等故障。无人机通过对杆塔和通道巡视，可以快速发现异物存在的位置和状态。通过搭载异物清除装置，如高温喷火、激光处理异物等设备，可以实现异物及时发现及时处理的效果，避免电线路停电。

（3）风偏故障巡检。在大风时，因风力作用，会引起导线风偏，造成线路对杆塔或者档中相对对通道内树木、建筑物等的放电故障；或引起导地线振动，致使导地线疲劳断股，甚至断线落地的严重事故；有时还会造成瓷横担断裂、导地线的舞动；如果风力超过输电线路的设计荷载，严重时甚至会发生倒塔事故。对于重合闸未成功，初步判断是线路本体发生的倒塔、断线事故，可优先派遣固定翼无人机开展巡检；对于初判是风偏闪络的重合闸成功故障，可指派旋翼机开展故障点的精细巡检作业。

（4）覆冰巡检。覆冰是危及线路安全运行的主要自然灾害之一，危害极大，严重覆冰会引起线路倒杆、倒塔、断杆、断导地线、断横担和地线支架损坏、扭曲变形和由导地线弧垂增大引起大量线路跳闸故障。通过无人机对线路进行覆冰观测，可以起到覆冰事故的良好预防。另外，无人机搭载除冰设备，减少人力除冰带来的危险，能够高效、快速进行线路除冰。

（5）外部隐患巡检。走廊的整体普查，及时发现线路走廊内违章建筑和高大树木等线路故障隐患，以及用于灾后应急评估，可为救灾抢险提供第一手的现场资料。

## 二、常见的故障巡检方法

1. 航迹规划巡检类型

（1）人机协同巡检。通过地面控制人员操控无人机进入受灾现场进行拍摄，并在第一时间内把现场的情况反馈给指挥控制中心，有利于指挥控制中心了解一线现场情况，便于开展针对性的电力抢险工作部署。

（2）自主无人巡检。通过规划无人机航迹，将线路的 GPS 坐标提前输入巡视管理系统中，无人机将可以按预设路径进行自动巡视，提高巡检效率。无人机根据杆塔 GPS 坐标点进行巡航轨迹设定，预设飞行巡视线路，并支持在巡视点停留时间设定以便于详细拍摄。巡航完成后，无人机自动飞回巡航起点。

2. 可见光、红外拍摄

为解决铁塔上相关部件的温度监控，通过在无人机设备上挂载红外热成像设备对巡检线路进行巡检，通过实测温度、对比值温差的方法，发现隐蔽性较强故障点，结合传统可见光无人机巡检，热成像无人机巡检将大大提高故障点检测的准确性。

3. 设备检测与测量

相对于传统线路设备检测与测量方法而言，无人机搭载环境检测、测量模块操作简单，响应能力快，效率高。操作人员可以快速完成对故障缺陷检测、测量工作，并且在短时间内快速而且准确地获取遥感数据。随着无人机紫外成像检测技术推广应用，可以及时地掌握输电线路的缺陷，避免人工巡检引发的各种盲区问题。

4. 远距离数据传输

为了提高无人机的数据共享，对无人机的远程数据传输进行研制，通过在地面工作站上使用传输网络，可将无人机的图像视频等资料实时远距离传输至后台指挥控制中心，便于管理人员实时对巡视内容以及应急抢险现场的情况进行了解，并做出及时、准确的判断。无人机在巡航过程中，当出现任何异常或需要人工干预时，地面控制人员可以通过飞控平台取得控制权，决定继续或取消自动巡航拍摄。

# 第六节 应 急 处 置

无人机作为一种电子设备，在巡检过程中会因各种因素导致无人机失控等意外状况发生，常见情况包括 GPS 信号丢失、输电线路无线/电磁信号干扰导致的飞控崩溃等。掌握无人机应急处置是无人机巡检操控人员需掌握的基本技能，主要包括空中设备故障和异常报警处置、应急迫降、坠机后续处理和人身伤害处理等内容。

应急处理措施是指无人机在飞行过程中发生因天气、操作、设备等原因引起的无人机失联或失控等危险情况时，作业人员采取的处理措施。应急处理的基本原则是最大限度地确保人身、电网、装备安全。当无人机发生故障或遇到紧急的意外情况时，需尽快操作无人机迅速避开高压输电线路、村镇和人群，确保人民群众生命和电网的安全。尽可能控制无人机巡检系统在安全区域紧急降落。如无法控制无人机在安全区域紧急降落，坠机已无法避免，应在无人机冲向人群或触地前关闭发动机并锁桨，避免可能造成的二次伤害。

## 一、空中设备故障和异常警报处置

为了保证巡检任务的安全顺利完成，在无人机巡检前应设置失控保护、半油返航、自动返航等必要的安全策略。如遇天气突变或无人机出现特殊情况时应进行紧急返航或迫降处理。当无人机发生故障或遇到紧急的意外情况时，除按照机体自身设定应急程序迅速处理外，需尽快操作无人机迅速避开高压输电线路、村镇和人群，确保人民群众生命和电网的安全。无人机空中设备故障及异常报警常见情况如下：

（1）无人机视距外飞行 GPS 丢星。无人机如果在视距外飞行出现 GPS 丢星的情况，此时如果无人机图传是好的，有机载视频能提供引导，可以仿照 FPV 模式，将无人机飞回。如果飞控姿态还持续有效，数据链路也仍然有效，可用姿态模式将其飞回。如果不能飞回，果断在野外开伞回收。如无伞可考虑收油门，以防飞丢。

（2）数传上行链路通信中断。多旋翼无人机飞行过程中出现数据传输上行链路通信中断的状况，此时如果无人机处于地面遥控状态，无人机将失去控制。如果处于自动驾驶状态，则无人机按自动程序飞行。视距内应目视飞机尽快着陆；视距外，这时可尝试重新启动地面站或检查上行链路设备恢复通信，否则只能安心等待飞完所有航点后返航或链路中断触发返航机制。

（3）数传下行链路通信中断。多旋翼无人机飞行过程中出现数据传输下行链路通信中断的状况时，地面站软件上的飞行状态和数据不再更新。无人机在视距内应尽快遥控着陆；视距外，先发送返航指令，安心等待返航；个别情况下，可依靠任务设备图像返航。

（4）固定翼无人机数传链路通信中断。固定翼无人机飞行过程中出现数据传输下行链路通信中断的状况，此时首先调整地面链路天线位置。有些飞控能设置在链路中断多长时间后返航，这些事先要设置。如若全程时间到未能返航，可按航线地面寻找。如若该无人机加入优云系统，可联系优云服务商查找最终点。视距外作业的无人机应当在机身明显处张贴联系方式。

（5）遥控器失效。无人机在飞行过程中突发遥控器失效的情况，此时如果机载自动驾驶仪有链路中断自动转入程序控制功能，应立即中断上行链路。否则，做好应急救援准备。

（6）电机停转。四旋翼无人机在飞行过程中遇到个别电机停车时，无法完全手动操作无人机迫降，若无伞降装置，则应在保证最大限度的地面安全处置并回收无人机。六旋翼、八旋翼无人机在遇到个别电机停转时，应迅速将飞行模式切回手动模式或姿态模式，运用 360°悬停的修正方式找准无人机机头，若海拔偏高，应采取"Z"字下降路线，尽量避免垂直下降。

（7）风向变化。固定翼无人机在降落时风向变化为顺航向，此时视风力大小是否超过顺风着陆限制，如果超过限制，应复飞或改变着陆方向。

（8）侧风超限。固定翼下滑拉平时，若侧风超过限制，此时首先应复飞待机，视风速减小到可降落时适时着陆。

（9）燃油动力无人机空中停车。如果可在空中起动的，应首先尝试起动发动机。若不能起动，在本场时选择迫降；不能返回本场时，则在预设迫降场迫降；如无预设迫降场，则尽量选择无人区迫降。

（10）无人机反应异常。使用遥控器遥控飞行时，无人机出现反应时断时续或无反应的情况，多数此类情况出现在无人机目视较远距离飞行、遥控器电力不足、有外界干扰的情况下，现阶段多数自动驾驶仪都有失控保护功能会切入自动驾驶，此时为了防止自驾仪在手动自动之间切来切去反而造成危险，需要果断切换遥控器开关进入自动模式并关闭遥控器。之后再等待无人机自动飞回较近距离或检查遥控器电源或等待干扰消失。

（11）飞行中晃动过大或反映滞后。无人机在飞行中晃动过大或反应滞后，首先检查飞控感度，其次有可能的原因是：① 多旋翼飞行器机臂刚度不够，或有安装旷量；② 多旋翼机体太大致使转动惯量太大；③ 多旋翼螺旋桨太重，加减速慢致使操纵相应慢；④ 固定翼机体或舵面刚度不够，连杆、摇臂或舵机本身有旷量。

（12）未按规划航线飞行。若发生无人机起飞进入航线飞行后，突然出现不按规划航线飞行，首先切入姿态模式，观察是否只是飞控外回路位置出了问题；如果内回路姿态也有问题，则切换至手动模式进行降落；降落后回放数据检查原因。

（13）电机未响应。无人机地面起飞前检查时，遥控器推油门，油门舵机不响应或旋翼电机不旋转，可能是由于控制模式不对、遥控器没电、遥控器高频头没装或损坏、没对频、舵机故障或电机故障、电调故障等原因造成。

（14）飞行器持续降高或下降。自动定高飞行时，飞行器持续升高或下降，可能的原因是无人机的高度传感器故障或动力系统故障。

（15）故障灯显示。无人机上标配有 LED 尾灯，尾灯闪烁方式及颜色标明无人机当面的飞行状况，以大疆系列无人机为例，红灯慢闪表示无人机低电量报警；红灯快闪表示无人机严重低电量报警；红灯常亮表示系统出现严重错误；黄灯快闪表示遥控器信号中断；灯间隔闪烁表示无人机放置不平或传感器误差过大；红黄灯交替闪烁表示指南针数据错误，需校准；白灯闪烁，为无人机正在执行返航指令或者飞行器自动下降。

一般无人机遥控器均设置有电压报警,当无人机遥控器发出急促嘀嘀警报警音或者震动表示无人机遥控器低电压报警。部分无人机遥控器配备指示灯，当出现红灯常亮表示遥控器未与飞行器连接，红灯慢闪表示遥控器错误；红绿/红黄交替闪烁表示遥控器图传信号受到干扰。

（16）无图像信号。无人机地面站无图像信号，此时应检查发射机、接收机是否工作正常，并检查图传通道是否受到干扰。

（17）指南针异常。无人机地面站显示指南针异常的情况下，应重新校准指南针。

## 二、应急迫降

无人机巡检系统在空中发生动力失效等设备故障或遇紧急意外情况等，可尝试一键返航、姿态模式、手动模式等应急操作，应尽可能控制其在安全区域紧急降落。降落地点应远离周边军事禁区、军事管理区、人员活动密集区、重要建筑和设施、森林防火区等。常见无人机应急迫降情况如下：

（1）多旋翼无人机动力失效。多旋翼无人机在遥控状态下出现动力失效，此时如果无人机有降落伞则立即开伞；无伞则利用仅有动力尽量让其跌落在无人位置；接地瞬间前将油门收至最小，以防着火。在自主飞行模式下应切换手动控制，取得飞机的控制权，迅速减小飞行速度，尽量保持飞机平衡，尽快安全降落。

（2）固定翼无人机动力失效。固定翼无人机在遥控状态下出现动力失效，此时应势能换动能，保持一个等于或略大于平飞的速度，建立下滑轨迹，迫降。

（3）固定翼无人机未能成功开伞。如果伞舱打开，伞未完全弹出，遥控机腹迫降。如果伞弹出但未完全充气，有条件的情况下进行机载切断，机腹迫降。不能实施机载切断的情况下，先使用最大马力看飞行操纵是否还有效，拖伞着陆。如果还未解决问题，在坠地瞬间之前将动力关至最小，减小损失，防止失火。

在坠机已经无法避免的情况下，触地前应外八字或内八字掰遥控器遥杆进行关桨。坠落后的无人机，螺旋桨可能仍然在旋转，如果已经砸到了东西，高速旋转的螺旋桨很可能造成二次损害。

### 三、坠机后续处理

无人机发生故障坠落时，工作负责人应立即组织机组人员追踪定位无人机的准确位置，及时找回无人机，无人机上的 iOSD 设备（见图 7-4）类似黑匣子的作用，里面保存了飞行数据，将飞行数据导出，提交给技术人员或厂家进行分析，如果录制了视频，可将视频一并提交。

因意外或失控无人机撞向杆塔、导线和地线等造成线路设备损坏时，应在保证安全的前提下切断无人机所有电源并拆卸油箱。工作负责人应对现场情况进行拍照和记录，确认损失情况，初步分析事故原因，填写事故总结并上报有关部门。同时，运维单位应做好舆情监督和处理工作。应妥善处理次生灾害并立即

图 7-4 无人机 iOSD 设备

上报，及时进行民事协调，做好舆情监控，并立即将坠机现场情况报告分管领导及调控中心，同时，为防止事态扩大，应加派应急处置人员开展故障巡查，确认设备受损情况，并进行紧急抢修工作。

因意外或失控坠落引起次生灾害造成火灾，工作负责人应立即将飞机发生故障的原因及大致地点报告并联系森林火警，按照输电线路走廊火烧山事件现场处置方

案部署开展进一步工作。

### 四、人身伤害处理

如果因无人机巡检飞行造成了人身安全事故，首先视情况开展紧急救护，作业人员须具备紧急救护能力，正确包扎伤口，止血，正确处理烧伤、骨折、触电、蛇虫叮咬等野外作业可能发生的人身事故。若危险未消除，应及时拨打120急救电话，并且正确搬运伤员。

事故发生后，应保护现场，正确处置舆情。留存图片、视频、文字、录音等资料，及时汇报单位相关管理部门，组织人员赴现场处理，调查原因，并进行善后处理，事态严重则通过法律途径正确处置事故。

目前已有保险公司推出了针对无人机相关的第三方责任险，如果出现人身伤害等安全事故，可协商保险公司进行赔偿处理。

### 五、无人机巡检应急处置

无人机巡检中，除了拍摄时保持与设备的安全距离以外，安全方面还有一点要尤其注意的是严禁在线下飞行，防止在飞行过程中突发未知状况，造成数传链路丢失，因为无人机设置的失控保护程序会强制无人机自动垂直向上飞到返航高度，然后飞回起飞点，而如果无人机恰好在线下飞行，飞机在垂直上升过程中就会触碰导线而坠机。所以为了飞行安全，一定要避免从线下穿越飞回。

为了保证巡检任务的安全顺利完成，在无人机巡检前应设置失控保护、低电压返航、盘旋、失速保护、紧急开伞等必要的安全策略。如遇天气突变或无人机出现特殊情况时应进行紧急返航或迫降处理，操作无人机迅速避开高压输电线路、村镇和人群，确保人民群众生命和电网的安全。

飞行过程中，操作人员之间应保持信息联络畅通。作业现场应注意疏散周围人群，外来人员闯入作业区域时应耐心劝其离开，必要时终止飞行任务。

作业现场应做好灭火等安全防护措施，严禁吸烟和出现明火。若起火，巡检人员应马上采取措施灭火；火势无法控制时，应优先保障人员安全，迅速撤离现场并及时上报。

在确保安全有效的前提下，在设定飞行航线时尽量沿用已经实际飞行过的航线。

当无人机发生丢星、链路中断、动力失效或因天气变化而导致的故障坠落时，应尽可能控制其在安全区域紧急降落。降落地点应远离周边军事禁区、军事管理区、人员活动密集区、重要建筑和设施、森林防火区等。

固定翼无人机在空中飞行时出现失去动力等机械故障时，无人机起飞和降落时，操作人员应与其始终保持足够的安全距离，不要站于其起飞和降落的方向前，同时要远离无人机飞行航线的正下方。

发生事故后，应在保证安全的前提下切断无人机所有电源。应妥善处理次生灾害并立即上报，及时进行民事协调，做好舆情监控。工作负责人应对现场情况进行拍照记录，确认损失情况，初步分析事故原因，撰写故事总结并上报有关部门。

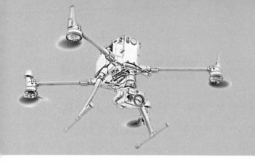

# 第八章

# 缺陷与隐患查找及原因分析

 第一节　电网设备常见缺陷和隐患

## 一、架空输电线路缺陷分类

（一）输电线路缺陷分类

架空输电线路缺陷按照缺陷位置可分为本体缺陷、附属设施缺陷和外部隐患三类。

1. 本体缺陷

本体缺陷指组成线路本体的全部构件、附件及零部件缺陷，包括基础、杆塔、导线、地线（OPGW）、绝缘子、金具、拉线、接地装置等发生的缺陷。

（1）基础缺陷：指杆塔基础、边坡工程所发生的缺陷。主要包含杆塔基础破损、沉降、上拔、回填不够、基础保护范围内取土、杂物堆积、易燃易爆物堆积、余土堆积、基础保护范围内冲刷、基础保护范围内坍塌、基础保护范围内滑坡、边坡距离不足、护坡倒塌、防洪设施倒塌、基础立柱淹没、金属基础锈蚀、防碰撞设施损坏。

（2）杆塔缺陷：指杆塔本体所发生的缺陷，不包括和杆塔连接的其他部件所发生的缺陷。主要包含塔身倾斜、异物、锈蚀，横担锈蚀、歪斜，塔材缺螺栓、缺塔材、变形、裂纹、锈蚀，脚钉松动、锈蚀、缺少、变形，爬梯缺损、变形、锈蚀、断开、脱落，拉线锈蚀、损伤、松弛。

另外，钢管塔还可能存在塔身弯曲、法兰盘损坏、锈蚀、螺栓锈蚀。钢管杆还可能杆顶挠度偏大、弯曲，法兰盘损坏、锈蚀、螺栓锈蚀、缺螺栓、焊缝裂纹、进水、损伤，横担护栏锈蚀、变形、断裂、脱落。

同时，混凝土杆还可能杆身裂纹、钢箍保护层脱落、缺螺栓、连接钢圈损坏、抱箍螺栓锈蚀、地线顶架锈蚀、抱箍螺栓松动，横担歪斜、吊杆松、吊杆过紧、水平拉杆松、水平拉杆过紧、斜拉杆松、斜拉杆过紧，叉梁下移、抱箍锈蚀、锈蚀、抱箍螺栓缺少、抱箍变形、水泥脱落，拉线锈蚀、损伤、水平稳拉松、水平稳拉过紧、水平稳拉缺少、水平稳拉金具锈蚀、水平稳拉金具缺少、内 X 拉线松、内 X 拉线过紧、内 X 拉线缺少、内 X 拉线金具锈蚀、内 X 拉线金具缺少、UT 型线夹反装、UT 型线夹缺螺母、UT 型线夹丝扣露头不够、UT 型线夹扎头铁丝散开、UT 型线夹尾线散开。大跨越塔塔身弯曲、法兰盘损坏，护栏锈蚀、变形、断裂，脚钉松动、锈蚀、缺少、变形，电梯电气故障、机械故障，平台缺损、变形、锈蚀。

（3）导线缺陷：仅指导线本体所发生的缺陷，不包括和导线连接的各类金具所发生的缺陷。主要包含断股、损伤、松股、跳股、补修绑扎线松散，子导线鞭击、扭绞、粘连、弧垂偏差、异物、断线，引流线断股、损伤、松股、跳股、弧垂偏差、异物。

（4）地线（OPGW）缺陷：仅指地线（OPGW）本体所发生的缺陷，不包括和地线（OPGW）连接的各类金具所发生的缺陷。主要包含普通地线断股、损伤、锈蚀、补修绑扎线松散、异物、断线，OPGW 断股、损伤、补修绑扎线松散、异物、附件松动、附件变形、附件损伤、附件丢失、接线盒脱落、接地不良、引下线松散。

（5）绝缘子缺陷：仅指绝缘子本体所发生的缺陷，不包括和绝缘子连接的各类金具所发生的缺陷。主要包含污秽、防污闪涂料失效、表面灼伤、串倾斜、钢脚变形、锈蚀、破损、锁紧销缺损、均压环灼伤、均压环锈蚀、均压环移位、均压环损坏、均压环螺栓松、均压环脱落、招弧角灼伤、招弧角间隙脱落，瓷质绝缘子零值，玻璃绝缘子自爆，复合绝缘子灼伤、护套破损、伞裙破损、伞裙脱落、芯棒异常、芯棒断裂、均压环反装、金属连接处滑移、端部密封失效、憎水性丧失。

（6）金具缺陷：指杆塔上除拉线金具之外其他所有金具所发生的缺陷，可分为绝缘子串金具缺陷、导线金具缺陷、地线（OPGW）金具缺陷。

1）悬垂线夹船体锈蚀、挂轴磨损、挂板锈蚀、马鞍螺丝锈蚀、变形、灼伤、偏移、断裂。螺栓松动脱落、缺螺帽、缺垫片、开口销缺损。

2）耐张线夹线夹本体锈蚀、灼伤、滑移、引流板、裂纹、发热。压接管裂纹、管口导线滑动、钢锚锈蚀。铝包带断股、松散。螺栓松动、脱落、锁紧销缺损。

3）联接类金具锈蚀、磨损、变形、灼伤、缺螺帽、开口销缺损。

4）保护类金具位移、灼伤、锈蚀、脱落、偏斜。

5）压缩类接续类金具出口处鼓包、断股、抽头或位移、弯曲、裂纹、发热。

另外，并沟线夹易出现螺栓松动、缺损、位移、发热。预绞丝易出现散股、断股、滑移。

（7）拉线缺陷：指和拉线连接的所有部件发生的缺陷，主要包括拉线本体缺陷、拉线金具缺陷、拉棒缺陷、拉盘缺陷，拉线基础还可能存在拉线棒锈蚀等。

（8）接地装置缺陷：指杆塔接地工程所发生的缺陷。主要包含接地体外露、埋深不够、接地沟回填土不足、附近开挖、接地沟回填土被冲刷、锈蚀、损伤，引下线断开、缺失、锈蚀浇在保护帽内，接地螺栓缺失、滑牙锈蚀，接地电阻测量值不合格。

2. 附属设施缺陷

附属设施缺陷指附加在线路本体上的线路标识、安全标志牌、各种技术监测或具有特殊用途的设备（如在线监测、防雷、防鸟装置等）发生的缺陷。

（1）标志牌杆号牌（含相序）、色标牌、警告牌图文不清、破损、缺少、挂错、内容差错。

（2）航空标志破损、缺少。

（3）在线监测装置功能缺失、采集箱松动、元件缺失、太阳能板松动和脱落。

（4）避雷器松动、脱落、击伤、脱离器断开、缺件、缺螺栓、计数器进水、计数器图文不清、计数器表面破损、计数器连线松动、计数器连线脱落、馈线距离不足、间隙破损、支架松动、支架脱落、炸开。

（5）避雷针松动、脱落、位移、缺件。

（6）耦合地线断股、伤股、锈蚀、补修绑扎线松散、异物。

（7）防鸟设施松动、损坏、缺失。

（8）支架螺钉缺失、支架螺钉松动、支架脱落、支架缺失、灼伤、磨损、接线盒脱落、接线盒密封不良、掉线、补修绑扎线松散。

3. 外部隐患

外部隐患指外部环境变化对线路的安全运行已构成某种潜在性威胁的情况，如在线路保护区内违章建房、种植树竹、堆物、取土及各种施工作业等。

（1）线路与地面距离与居民区距离不足、与非居民区距离不足、与交通困难地区距离不足。

（2）线路与山坡距离与步行可以到达的山坡距离不足、与步行不能到达的山坡距离不足。

（3）导线与弱电线路最小垂直距离不足。

（4）导线与防火防爆水平间距离不足、垂直间距离不足。

（5）线路与铁路、公路、电车道交叉或接近的基本要求水平距离或基本要求垂直距离不足。

（6）线路与河流、弱电线路、电力线路、管道、索道交叉或接近的基本要求水平距离或垂直距离不足。

（7）线路与建筑物距离水平距离不足、垂直距离不足。

（8）线路与林区间距离导线在最大弧垂时与树木间安全距离不足，导线在最大风偏时与树木间安全距离不足，导线与果树、经济作物、城市绿化灌木及街道树之间的最小垂直距离不足。

（9）线路与树木间距离水平距离不足、垂直距离不足。

**（二）架空输电线路缺陷与隐患分级**

1. 缺陷分级

以国家电网有限公司为例，架空输电线路缺陷根据其严重程度分为危急、严重、一般缺陷。详细的缺陷评级方式，可以参考《国家电网公司输电线路运维管理规定》[国网（运检/4）305—2014]。

（1）危急缺陷。危机缺陷指缺陷情况已危及线路安全运行，随时可能导致线路发生事故，既危险又紧急的缺陷。危急缺陷消除时间不应超过24h，或临时采取确保线路安全的技术措施进行处理，随后消除。

（2）严重缺陷。严重缺陷指缺陷情况对线路安全运行已构成严重威胁，短期内线路尚可维持安全运行，情况虽危险，但紧急程度较危急缺陷次之的一类缺陷。此类缺陷的处理一般不超过1周，最多不超过1个月，消除前须加强监视。

（3）一般缺陷。一般缺陷指缺陷情况对线路的安全运行威胁较小，在一定期间内不影响线路安全运行的缺陷，此类缺陷一般应在一个检修周期内予以消除，需要停电时列入年度、月度停电检修计划。

2. 缺陷的命名方法

（1）通用定义。

1）线路方向位置。线路方向位置以线路双重命名来确定，起始变电所为送电侧，终止变电所为受电侧，面向大号是指面向终止变电所，杆塔大号侧是指在杆塔的终止变电所侧。

2）导地线位置。导地线位置描述中的"左"（上）"中""右"（下）是指面向线路运行方面大号侧的"左"（上）"中""右"（下），为准确描述导地线缺陷位置，适当时应增加线路相位。

3）子导线位置。双分裂导线中上下排列的，上侧为1号子导线，下侧为2号子导线；左右排列的，面向大号左侧为 1 号子导线，右侧为 2 号子导线。四分裂导线，面向大号左上为 1 号子导线，左下为 2 号子导线，右上为 3 号子导线，右下为 4 号子导线。

4）基础位置。面向大号顺时针确定基础位置，小号左侧为 a 基础，大号左侧为 b 基础，大号右侧为 c 基础，小号右侧为 d 基础。

（2）缺陷的描述。缺陷描述要求严格按规定格式进行，严重及危急缺陷要求提供照片、视频，以确保缺陷描述的准确性。

以国家电网有限公司为例，线路本体或附属设施缺陷描述一般采用"缺陷位置＋缺陷部件＋缺陷类别＋缺陷程度＋缺陷备注＋缺陷分级"的格式，如导线断股缺陷的标准描述格式为"×线×塔×相×号侧×m 处×子导线导线断股，断×股，其中有×股已下挂×m，[一般/严重/危急]缺陷"，其中"×线×塔×相×号侧×m处×子导线"为缺陷位置，"导线"为缺陷部件，"断股"为缺陷类别，"断×股"为缺陷程度，"其中有×股已下挂×m"为缺陷备注，"[一般/严重/危急]缺陷"为缺陷分级。

1）缺陷位置指缺陷发生的位置，位置要求描述准确、清晰。

2）缺陷部件指缺陷发生的部件。

3）缺陷类别指基于缺陷部件发生的缺陷内容。

4）缺陷程度指缺陷的严重程度，可量化的必须使用量化数据表示。

5）缺陷备注指缺陷的另外需要表述的重要信息。

6）缺陷分级指按缺陷分级标准对缺陷的最终定性。

外部隐患一般采用"隐患位置＋隐患分类＋隐患子类＋隐患程度＋隐患备注＋隐患分级"的格式，如档中建房隐患的标准描述格式为"×线×塔×号侧×m处有施工隐患，建房，风偏不足，最大风偏时其值为×m，标准为×m，[一般/严重/危急]缺陷"，其中"×线×塔×号侧×m处"为隐患位置，"施工隐患"为隐患分类，"建房"为隐患子类，"风偏不足"为隐患程度，"最大风偏时其值为×m，标准为×m"为隐患备注，"[一般/严重/危急]缺陷"为隐患分级。

1）隐患位置指隐患发生的位置，位置要求描述准确、清晰。

2）隐患分类指按隐患分类标准对隐患的分类描述。

3）隐患子类指基于隐患分类标准对隐患的进行细化描述。

4）隐患程度指隐患的严重程度，可量化的必须使用量化数据表示。

5）隐患备注指隐患的另外需要表述的重要信息。

6）隐患分级指按缺陷分级标准对隐患的最终定性。

### 二、配电线路常见缺陷及隐患

1. 配电线路缺陷分类

以南方电网有限公司为例，配电设备缺陷按照严重程度分为紧急缺陷、重大缺陷、一般缺陷、其他缺陷。详细的缺陷评级方式，可以参考 Q/CSG 1205003—2016《中国南方电网有限责任公司中低压配电运行标准》。

2. 常见配网故障

（1）配电线路常见故障。

1）杆塔。

杆塔本体：杆塔倾斜，杆塔挠度过大，水泥杆杆身有纵向裂纹，水泥杆杆身横向裂纹且宽度过大，水泥杆表面风化，水泥杆露筋角，钢塔主材缺失，杆塔镀锌层脱落、开裂，杆塔塔材严重锈蚀，同杆低压线路与高压不同电源，道路边的杆塔防护设施设置不规范或应设防护设施而未设置，杆塔本体有异物。

杆塔基础：水泥杆本体杆埋深不足、杆塔基础有沉降、杆塔保护设施损坏。

2）导线。导线断股、导线散股、导线灯笼、架空绝缘线绝缘层破损、绝缘护套脱落损坏开裂、导线锈蚀、导线本体及电气连接处温升异常、导线距离（交跨距离、水平距离和导线间电气距离）不符合要求、导线上挂有大异物将会引起相间短路等故障。

3）绝缘子。绝缘子表面有放电痕迹、绝缘子有裂缝、绝缘子表面釉面剥落、绝缘子固定不牢固，绝缘子倾斜、合成绝缘子伞裙有裂纹、绝缘子污秽。

4）铁件、金具。线夹电气连接处温升异常、线夹主件脱落锈蚀、金具销子脱落、连接金具球头锈蚀、弹簧销脱出或生锈失效、金具挂环断裂变形、金具串钉移位脱出、横担主件（如抱箍、连铁、撑铁等）脱落、横担弯曲倾斜变形松动锈蚀、线夹连接不牢靠、绝缘罩脱落。

5）拉线。断股、水平拉线对地距离不能满足要求、拉线基础埋深不足标准要求、基础有沉降、拉线锈蚀、道路边的拉线应设防护设施（如护坡、保护管等）而未设置或设置不规范、拉线绝缘子未按规定设置、拉线明显松弛、拉线金具不齐全锈蚀。

6）通道。导线对交跨物安全距离不满足规定要求、线路通道保护区内树木距导线距离不符合要求、通道内有违章建筑、堆积物。

（2）柱上真空开关缺陷。

1）套管。表面有放电痕迹、有裂纹（撕裂）或破损、污秽。

2）开关本体。电气连接处温升异常、绝缘电阻不符合要求、主回路直流电阻不符合要求、锈蚀、污秽。

3）隔离开关。电气连接处温升异常、表面有放电痕迹、有裂纹（撕裂）或破损、污秽、锈蚀、开关卡涩。

4）操作机构。操作不成功、锈蚀、无法储能、卡涩、锈蚀。

（3）柱上隔离开关缺陷类别。

1）支持绝缘子。表面有放电痕迹、外表有裂纹（撕裂）或破损、有放电痕迹、有污秽。

2）隔离开关本体。电气连接处实测温升异常、锈蚀、卡涩。

3）操作机构。锈蚀、卡涩。

（4）跌落式熔断器缺陷类别。

表面有放电痕迹、操作有弹动、熔断器故障跌落次数超厂家规定值、电气连接处实测温升异常、有裂纹（撕裂）或破损、有放电、锈蚀、污秽、固定松动、支架位移、有异物绝缘罩损坏。

（5）高压计量箱缺陷类别。

1）绕组及套管。表面有放电痕迹、电气连接处实测温升异常、绝缘电阻不符合要求、有裂纹（撕裂）或破损、污秽。

2）油箱（外壳）。漏油（滴油）、渗油、锈蚀。

（6）配电变压器缺陷类别。

1）高、低压套管。有放电痕迹、直流电阻不符合要求、有裂纹（撕裂）或破损、污秽、绕组及套管绝缘电阻不符合要求。

2）导线接头及外部连接。线夹与设备连接平面出现缝隙、线夹破损断裂、截面损失、电气连接处实测温度异常。

3）油箱本体。漏油（滴油）、渗油、锈蚀、配电变压器上层油温异常、锈斑。

4）油位计。油位不可见、破损、油位低于正常油位的下限、油位指示不清晰。

5）呼吸器。硅胶筒玻璃破损、硅胶潮解全部变色。

6）波纹连接管。波纹连接管破损、变形。

7）压力释放阀。防爆膜破损。

3. 配电线路及设备状态

以南方电网为例，配电线路及设备的状态分为正常状态、注意状态、异常状态和严重状态。

（1）正常状态：表示配电线路及设备无缺陷或者有其他缺陷及以下。

（2）注意状态：表示配电线路及设备有一般缺陷，可以正常运行。

（3）异常状态：表示配电线路及设备有重大及以上缺陷，经临时处理降级后可正常运行。

（4）严重状态：表示配电线路及设备有重大及以上缺陷，需要尽快安排检修。

# 第二节 巡检数据处理

## 一、可见光数据处理

以无人机搭载各类可见光设备，利用自身独特的空中检测角度优势，可近距离、多角度拍摄输电线路设备图像视频等图像数据，及时发现设备缺陷和潜在隐患，克服了传统人工巡视工作中塔位难以到达、攀塔风险高效率低等问题。

对获取的电力设备的可见光巡检图片或视频，应及时处理并分类存档。巡检工作完成后，作业员应及时导出巡检数据，对巡检数据批量添加电压等级、线路名、杆塔号信息，使巡检数据与杆塔逐基对应，宜添加巡检时间、巡检人、审核人等信息，用于巡检数据规范管理。宜采用专用软件对巡检数据进行适当处理，查找缺陷并添加标记，对线路设备缺陷信息进行规范化的分类分级记录，并生成检测报告；对巡检工作全过程信息数据进行分类存储管理，便于后续查询检索。

1. 数据规范命名

（1）程序添加数据标签。输电线路巡检作业过程中，无人机设备拍摄的巡检图像和后期添加的信息标签文件，宜采用专业数据库管理，存储时应保证命名的唯一性。宜采用专用的软件进行标注操作，对巡检图像批量添加信息标签，内容至少包括电压等级、线路名称、杆塔号、巡检时间和巡检人员。对于巡检视频文件，需截取关键帧另存为".jpg"格式图像文件，批量添加标签规则相同。缺陷图像重命名时，要求清楚描述缺陷部位和类型。对搭载 RTK 设备，固定距离角度拍摄自主拍摄的巡检影像，宜记录拍摄位置坐标、拍摄距离、拍摄角度、相机焦距、目标设备成像角度、光照条件等信息。

（2）手动重命名。若不具备巡检图像数据库管理软件，作业员应从无人机存储卡中导出图片或视频，选择当次任务数据，批量添加电压等级、线路名信息，并备注当次任务的巡检时间、巡检人信息。之后根据当次任务的起止杆塔号，将巡检数据与杆塔逐基对应，将数据保存至本地规范存储路径下。对存在缺陷的图片或视频，清楚描述缺陷部位和类型后另存到缺陷图像存储路径下。

2. 缺陷识别与标注

（1）识别分析。巡检人员宜采用缺陷识别软件批量处理巡检数据并人工审核识别结果的准确性。当不具备程序自动识别条件时，需要由巡检人员进行人工审核，根据第八章第一节中架空输电线路、架空配电线路和变电一次设备中缺陷和隐患特征，在巡检图片和视频中定位缺陷和隐患。

（2）缺陷标注。缺陷标注内容为对巡检图像及视频截取帧图像中的缺陷设备，用矩形框需要标注出图片中缺陷设备部位的准确位置，并依据相关规定标注设备缺陷信息，如图 8-1 所示。

(a)　　　　　　　　　　　　(b)

(c)　　　　　　　　　　　　(d)

图 8-1　缺陷标注示例

（a）导线散股标注；（b）绝缘子自爆标注；（c）锁紧销缺失标注；（d）线夹偏移标注

3. 审核与存档

批量缺陷识别和标注工作完成后，巡检人员可在图像审核界面批量审核本次作业任务的所有缺陷标注与标签信息，确保识别审核结果的准确性和完备性，将审核结果导入专用数据库管理，并由管理员审核入库数据的规范性。若不具备巡检数据库管理软件，则应采用管理人员抽检的方式进行规范性审核。

用巡检图像管理数据库应实现对线路设备缺陷规范化的分类分级记录,对巡检工作全过程数据进行分类存储,并根据查询检索条件分析统计数据生成巡检报告。若不具备相关软件,则巡检人员根据第八章第三节内容填写巡检报告。

**二、红外数据处理**

红外热成像技术通过被动式的非接触检测与识别,在进行设备状态诊断时具有远距离、不接触、不取样、不触体,又具有准确、快速、直观等特点,能直观地显示物体表面的温度场,通过温度异常变化对比值,定位电力设备发热故障点。在日常的运行维护中,红外检测对设备故障的早期发现起到了显著的作用。

1. 红外设备设置

(1)基本参数设置。作业人员在起飞前,应熟悉搭载的红外设备操作,明确设备量程。明确设备各项参数的设置,如温度测量单位、红外图片的文件格式、数据存储位置、WIFI 和蓝牙设置、系统的日期和时间等。

(2)红外数据显示设置。

1)色彩设置。通常红外设备均具备假彩色显示功能,通过"调色板"菜单可用于更改显示屏上红外图像的假彩色展示,使温度显示更适合特定的应用。通常"调色板"提供颜色的同等、线性和加权展示。当设置颜色的加权展示时,可获得高温和低温之间的额外颜色对比度,突出显示有高热对比度目标。巡检人员应根据现场作业环境选择合适的伪彩色显示,对目标设备温度细节进行最佳展示。

2)温度警告。红外设备若具有高低温预警功能,设置高温、低温颜色警告温度阈值,对图像中表面温度超出设定阈值的目标实现自动警告。当设置高温预警时,若可见光图像中物体表面温度高于设置的高温阈值,则会在显示区域显示该目标的红外高温信息,并突出显示警告;当设置低温(或露点)警告时,若可见光图像中物体表面温度低于设置的低温阈值,则会在显示区域显示该低温目标的红外低温信息,并突出显示警告。

3)温度标记。红外设备在显示屏上可显示多个温度点标记。用户可以使用这些标记突出显示区域,通常标志为拍摄区域内温度的极值点,通常设置为区域内温度相对最高点。如图 8-2 所示。

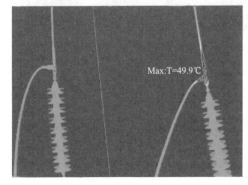

图 8-2  区域温度最高点标记显示示例

2. 温度读取设置

（1）辐射系数选择。所有物体都辐射红外能量，辐射量基于物体的实际表面温度和表面辐射系数。红外设备通过搜集物体表面的红外辐射能量计算物体温度值。许多常见物体和材料（如涂漆金属、木材、水、皮肤和织物）都能有效地放射能量，容易获得相对准确的测量值。对于能有效辐射能量（高辐射系数）的表面，其辐射系数不小于 0.90。发光面或未涂漆的金属，因为其辐射系数小于 0.60 易于放射能量，被划分为低辐射系数材料。为了更准确地测量辐射系数较低的材料，需要进行辐射系数校正，确保设备测量的温度的准确性，具体的设置值见各红外设备使用说明书。

（2）对焦设置。正确对焦可确保红外能量正确地直接作用在红外相机的传感器上，防止不准确的聚焦引起热图模糊和温度测量数据失真。红外设备应具备自动对焦功能，对拍摄区域内物体实现自动对焦。特殊场合采用手动对焦时，需要巡检人员控制红外相机，同时观察温度显示区域，目标设备轮廓最清晰时即为准确对焦，可以读取温度信息或拍照。

3. 故障分类

（1）外部发热故障。外部发热故障以局部过热的形态向其周围辐射红外线，各种裸露接头、连接体的热故障，其红外热图显现出以故障点为中心的热场分布，从设备的热图中可直观地判断是否存在热故障，可根据温度分布确定故障的部位及故障严重程度。如图 8-3 所示。

图 8-3　外部发热故障（线夹发热）

（2）内部发热故障。内部发热过程一般为长时稳定的发热，通过故障点接触的固体、液体和气体，形成热传导、对流和辐射，并以这样的方式将内部故障所产生的热量不断地传递至设备外壳，从而改变设备外表面的热场分布情况，如变压器、变电柜内部的发热。

4. 故障识别分析

（1）表面温度判断方法。根据测得的设备表面温度值，对照有关电力设备检测规范的相关规定，可以确定一部分电流致热型设备的缺陷。

（2）相对温差判断法。电力设备在正常运行时都会发出一定热量，而这种热量按设计要求是允许的。若用热像仪对全部运行设备进行扫描检查时，发现存在异常温度点，然后对温度异常的部位进行重点检测，测出异常点的温度。将异常点温度与正常运行时的温度进行比较，同时考虑周围环境条件的影响，最后根据设备的相对温差以及是否超出规定值，来确定设备运行状态。

（3）同类比较法。包括三相之间的横向比较和同一部位的纵向比较。

1）三相之间温度比较。在发电、输电、变电、供电回路中，大部分以三相形式输送电能，由于用于三相连接的金属材料是相同的，故一般讲三相上升的温度是均衡的，则设备正常运行。当三相中的某一相或两相出现温度过高现象，可以判定温度较高相存在缺陷。如图8-4所示。

2）同一部件的温度比较。某些产品由于材质上存在缺陷，如材料存在杂质、气泡，使材料特性发生变化，当电流通过时产生不同的热量，表现出部件局部发热现象。如绝缘子串的局部发热、避雷器的局部发热、导线电缆的局部发热等。

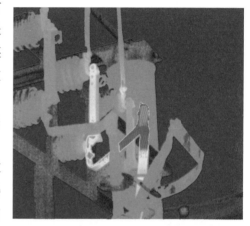

图8-4　一相电缆接头发热

（4）热图谱分析法。根据同类设备在正常状态和异常状态下的热图谱的差异来判断设备是否正常。

（5）档案分析法。分析同一设备在不同时期的检测数据（如温升、相对温差和热谱图），找出设备致热参数的变化趋势和变化速率，以判断设备是否正常。

（6）运行负荷比较法。系统设备运行时的温度和运行负荷有着直接关系，当设备负荷较大时温度会相对升高。当用红外热像仪进行检测时，发现设备某个部件，或线路的某一相温度出现异常，这时要检查设备运行负荷的大小，来判断设备是否会出现故障。若当时负荷已很大，而发热部件温度又不是很高，则不会发生故障。反之，当检测时，负荷很小，设备部件已发热，那么一旦负荷增加，发热部件的温度会急剧增加，从而导致故障的发生。所以测试时，一定要注意设备运行的负荷大小，然后再诊断系统和设备可能出现的故障。

5. 数据导出

红外相机采集的巡检数据以不同文件格式保存在内置存储器、微型SD内存卡或USB闪存设备中，通常为图像形式，格式选项有".bmp"".jpg"和".is2"文件。以".is2"文件格式保存的图像将红外图像、辐射测量温度数据、可见光图像、语音附注等数据都整合到单个文件中，更便于在红外图像专用软件中进行分析和修改。对于不需要修改，图像质量和分辨率要求较高的文件，选择".bmp"文件格式。对于不需要修改，图像质量和分辨率不重要的最小文件，可选择".jpg"文件格式。".bmp"和".jpg"文件可通过电子邮件进行发送，可在 PC 和 MAC 系统上多数软件中打开，但以上两种格式的图片文件不允许分析或修改。

### 三、激光雷达数据处理

激光雷达数据处理主要包括 POS 数据处理、激光点云数据的分类和处理、应用数据分析和成果资料整理。

1. POS 数据处理

机载激光雷达通过激光测距系统向探测目标主动发射高频率的激光脉冲，直接获取地物表面的距离、坡度、粗糙度和反射率等信息。同一次飞行任务获取的原始点云包括了激光雷达的 POS 数据和点云原始数据，其中 POS 数据即采集点与地物的几何位置关系，需要采用专用的软件对应模块进行处理，恢复无人机采集平台与地物的相对位置关系，纳入到绝对坐标系中，生成高密度的三维空间坐标，即点云。经处理后的激光点云数据的每个点不仅具有 $x$、$y$ 平面坐标信息，还具有高程信息，即 $z$ 值。可参照《直升机激光扫描输电线路作业技术规程》（DL/T 1346）进行处理。

2. 激光点云数据的分类和处理

输电线路走廊是电网的最主要部分，走廊内地形、地貌、地物（植被、建筑等）、电塔、挂线点位置等是电网建设和管理极为关注的对象。激光点云数据包含了输电线走廊内的所有地物目标，在实际应用中需要将不同类型地物目标的激光点云数据分离出来。对已有的三维坐标的激光点云进行分类，可参照《直升机激光扫描输电线路作业技术规程》（DL/T 1346）进行详细分类。成果数据坐标系统采用国家 CGCS2000 坐标系，激光扫描数据格式应采用标准格式，点云数据宜采用 las1.1 及以上标准格式。

点云数据处理步骤应包括数据预处理、数据检查、激光点云分类、数据筛选。点云数据预处理的结果应包括激光点云的三维空间坐标、航迹数据、导航定位数据等文件。

杆塔、导地线、跳线、绝缘子、地面、植被、建筑物、公路、铁路、被跨（穿）越电力线、河流、管道等激光点云数据的分类标准应统一。数据降噪预处理、激光点云分类等数据处理工作，在满足质量情况下应尽量采用自动处理方式。

3. 应用数据分析

（1）针对业务应用场景，激光点云数据应用主要包括输电通道三维建模、距离量测、运行工况分析，详见以下应用分析实例。

（2）输电通道三维建模。根据杆塔、导线、地线和绝缘子等输电设备的激光点云，构建杆塔、导地线等输电线路本体模型，建立输电通道的三维地形、地貌，生成输电通道三维模型（见图8-5）。基于输电通道激光点云数据和模型，生成线路台账。

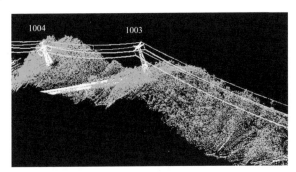

图8-5　输电通道三维建模

（3）距离量测。距离量测主要包括安全距离检测分析、交叉跨越分析、树障预警分析。安全距离检测分析主要是对输电线路与通道内树木、建/构筑物、公路、铁路等地物及地的安全距离检测分析。交叉跨越分析指对导、地线与走廊内地物进行空间分析，提取导、地线正下方的交叉跨越物，计算交叉跨越点位置、导线和交叉跨越物的各类距离等信息。树障预测分析一是考虑输电线路通道内树木本身的高度、树木倒伏压倒线路、树木倒伏与导线放电等因素，检测树木倒伏过程与导、地线的最小净空距离，确定树木倒伏隐患点；二是根据激光点云、多光谱影像等判断树种，并结合树种生长规律模型，开展树木生长趋势预测，实现树患生长预测分析。分析报告应包括线路信息、图例总表、隐患点明细表、隐患点详情等内容。通道隐患点分析图如图8-6所示。

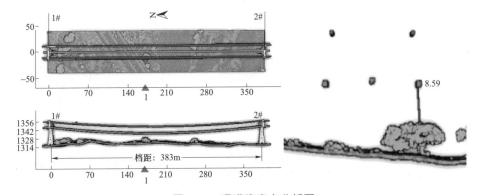

图8-6　通道隐患点分析图

平断面图：根据激光点云、数字正射影像生成平断面图，准确真实地表示地物、地形特征点的位置和高程，直观显示线路本体与通道环境状况，如图 8-7 所示。

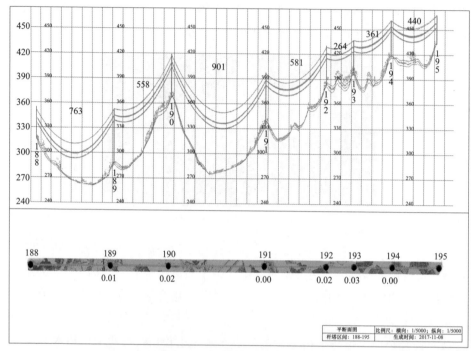

图 8-7 输电线图通道平断面图

（4）运行工况分析。根据激光点云和相应工况参数，结合导线所允许最高温度、最大风速、最大覆冰及通道运行环境等条件，预测模拟不同温度、风速、覆冰情况下导线弧垂及耐张线夹、T 型线夹、接续管等金具受力变化，对输电线路通道内地物安全距离检测分析。大风模拟隐患分析如图 8-8 所示。

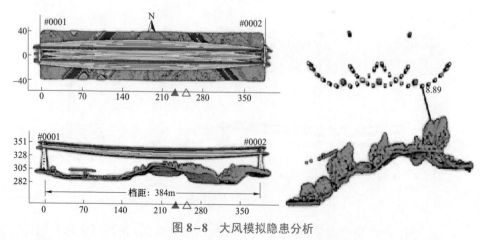

图 8-8 大风模拟隐患分析

动态增容分析：将激光扫描数据与线路的微气象条件、导线温度和弧垂等实时监测数据相结合，考虑线路各种设备材料是否能承受荷载增大引起的温度升高及荷载提高引起线路弧垂增大后的安全距离是否满足要求，对导线最高允许温度和安全距离进行实时校验分析，为实现动态增容提供依据。增容高温模拟隐患分析示例如图 8-9 所示。

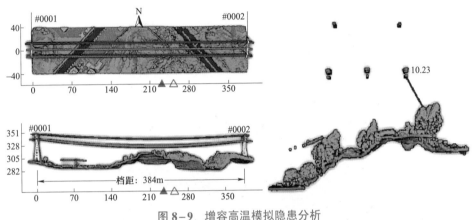

图 8-9　增容高温模拟隐患分析

（5）输电通道三维可视化管理。基于输电线路通道的激光点云、高精度数字高程模型和数字正射影像等，将通道内杆塔、导地线、地面、植被、建/构筑物、公路、铁路、河流、各种交叉或接近的电力线路等进行重构，形成输电线路真实的三维运行场景，精确直观显示线路本体、通道情况。具备距离量测、输电线路台账管理以及现有通道交叉跨越信息、通道隐患查询等功能，示例如图 8-10 所示。

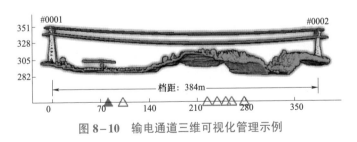

图 8-10　输电通道三维可视化管理示例

（6）无人机巡检路径规划。利用输电通道激光点云三维模型，规划无人机巡检路径、校核巡检作业安全距离和仿真模拟巡检作业过程，生成可实际应用的无人机自主巡检航线。

（7）间隙校核。间隙校核指基于激光点云的输电通道三维模型，采用 RTK 等高精度定位技术模拟带电检修作业人员位置，对作业人员进出强电场作业方式，作业人员对塔身、横担等形成的安全距离和组合间隙、行进轨迹及工器具使用等进行校核分析，形成满足作业安全要求的最优作业方案。基于激光点云的输电通道三维模型，带电检修人员进出强电场作业方案设计如图 8-11 所示。

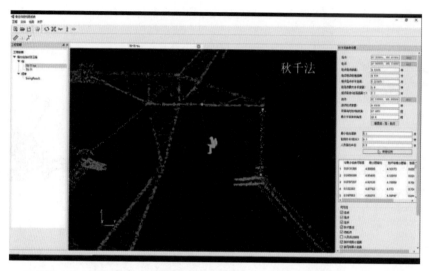

图 8-11  基于激光点云模型的带电检修人员进出强电场作业方案设计

（8）线路基建验收。线路基建完成后，对输电线路进行激光扫描作业，获取输电通道三维模型，开展输电线路工程测量，为线路基建验收提供数据支撑并为日后线路运维工作提供相关佐证依据。

4. 成果资料整理

成果资料一般包括分类的激光点云数据、数字高程模型 DEM、数字正射影像 DOM、线路台账、交叉跨越报告、平断面图、安全距离检测分析报告、模拟工况分析报告、三维展示可视化数据平台及其他相关资料等。其数据应满足无人机巡检路径规划、间隙校核和动态增容分析应用需求。

线路台账格式应统一，杆塔信息描述准确；主要内容应包括杆塔号、经纬度、塔基高程、塔顶高程、转角和档距等信息。

安全距离检测分析报告主要内容包括目标在输电线路位置，目标坐标，隐患点类型，与电力线的水平、垂直实测距离，净空实测距离，导线对地面距离，以及隐患点所在档距的平断面图。

交叉跨越报告主要内容包括目标在输电线路交叉跨越点位置，目标坐标，交叉跨越点类型，与电力线的垂直实测距离和净空实测距离，以及交叉跨越点档距的平断面图。

树障预测分析包括树木倒伏预测分析和树患实时识别预测分析。树木倒伏预测分析报告主要内容包括倒伏隐患点位置、倒伏过程中与导地线的最小净空距离;树患实时识别预测分析报告主要内容包括树种类别、树木自然生长高度、树木与导地线的实时最小净空距离。

平断面图主要内容包括杆塔号、档距,平断面示意图,扫描工况等内容。

模拟工况分析报告主要包括高温工况分析报告、大风工况分析报告和覆冰工况分析报告。主要内容包括:目标在输电线路位置,目标坐标,隐患点类型,与电力线的水平、垂直实测距离,净空实测距离以及隐患点所在档距的平断面图。

## ✈ 第三节　缺陷分析及报告编写

### 一、缺陷分析

随着设备运行时间的增长,线路的缺陷也逐年增多,缺陷呈现发生部位多、引发原因多和隐蔽性强的多样化特点。产生缺陷的原因主要分为线路部件的运行特性、生产质量、杆塔地理位置和杆塔附近环境等原因。为保证及时发现设备缺陷,需遵循"熟悉规程规定、牢记发生部位、了解设备特点"的原则,在巡线和登塔时才能提高缺陷的发现率。

熟悉规程规定是要求线路维护人员熟记规程规定的内容,熟记巡检的内容和标准,熟知常见的线路缺陷以及故障特点。

牢记发生部位是要求维护人员结合运行经验牢记线路容易发生缺陷的部位,各部件的连接点是能量的传递点和消耗点,也是缺陷发生的重点部位,这样可提高缺陷发现的概率。

了解设备特点是要求线路维护人员熟悉责任区段内的设备基础台账、运行环境和地理位置。同时,维护人员能够根据不同时间段内的运行环境特点,分析输电线路可能出现的故障,并制订实施相关风险预控措施。

1. 杆塔类缺陷

(1)典型缺陷。杆塔类典型缺陷主要表现为塔身筑鸟巢、挂异物,铁塔锈蚀,零部件丢失或松动,混凝土电杆酥裂等。

(2)缺陷原因。

1)鸟巢:线路周围没有较高树木,鸟类喜欢将巢穴设在杆塔上,可结合地面巡视进行检查统计，在鸟类筑巢期后结合登塔检查进行拆除。有些鸟巢还有铁丝铝线，拆除时要远离导线抛掷，防止发生危险。

2）铁塔锈蚀：塔材角铁生产时留有杂质，造成镀锌层附着不牢固，长时间使用后镀锌层被破坏，塔材沿杂质缝隙开始腐蚀起皮。对严重腐蚀塔材进行更换处理，轻微腐蚀采取除锈涂刷防锈油漆方法。新线路塔材镀锌层不平整,容易存在此缺陷。

3）零部件丢失或松动：杆塔在风力作用下发生振动，引起螺栓松动或丢失，造成塔材松动，使杆塔强度降低，容易引发线路倒塔故障的发生。运行线路要按周期对线路杆塔进行螺栓紧固，可采用涂刷油漆防松或安装防松螺栓帽的方法处理，对新线路建议直接安装防松螺帽，减少运行维护量。此缺陷可结合地面巡线进行检查，对线路常年处在风口的杆塔以及出现舞动现象的线路区段要重点巡视。也可使用扭力扳手，对螺栓的力矩值进行抽查。

（3）措施及建议。

1）对鸟类活动频繁区域要加强巡视，安装驱鸟装置，及时拆除已筑鸟巢，防止鸟粪引起的闪络事故或复合绝缘子伞裙被啄食。

2）运行单位应根据输电线路运行环境以及天气情况，必要时对杆塔本体是否发生倾斜，进行检查。同时，针对特殊区域，如泄洪区、采空区等，进行特殊巡视，并及时安装在线监测装置，以及安排相关测量工作。

3）运行单位应按照运行规程规定，对线路及杆塔进行杆塔防松改造，对铁塔锈蚀、灰杆酥裂的线路定期防腐刷漆。新建线路投运 1 年后，进行一次全面检查。在新线路铁塔施工过程中应加强质检，运行 15 年以上线路结合登塔作业进行检查，特别是海边和强酸碱污染源附近要重点检查。

2. 绝缘子类缺陷

（1）典型缺陷。

1）瓷质、玻璃绝缘子典型缺陷主要表现为自爆、雷击闪络、瓷绝缘子零值等，主要原因为普通绝缘子爬距小，干弧距离不足，反污、防雷能力较低。

2）复合绝缘子典型缺陷主要表现为伞裙破损、表面粉化、芯棒外露等，主要原因为绝缘子老化或表面被鸟类啄食、合成绝缘子质量工艺不过关等原因。

（2）缺陷原因。

1）绝缘子闪络：杆塔落雷后，产生过电压，高温短路电流通过绝缘子串放电，造成绝缘子表面瓷釉烧伤。绝缘子闪络烧伤首末端烧伤明显，绝缘子烧伤后要检查有无零值，并结合停电进行更换。

2）玻璃绝缘子自爆：由于玻璃绝缘子的机械特性，在运行中零值的玻璃绝缘子伞裙会自行爆裂。玻璃绝缘子零值，发生自爆，要及时进行更换。

3）玻璃绝缘子雷击：杆塔落雷后，产生过电压，高温短路电流通过绝缘子串放电，造成绝缘子表面烧伤。

（3）措施及建议。

1）应加强钢化玻璃绝缘子的入网验收工作，严格核实生产厂家的产品库存放置时间，检修分公司、电科院应对同批次、同厂家的绝缘子进行相关试验，深入分析自爆原因，避免类似缺陷的出现。

2）建议将普通绝缘子逐年更换为防污型绝缘子。

3）加强合成绝缘子的外观检查以及红外测温工作，及时发现并处理缺陷。

3. 导线类缺陷

（1）典型缺陷。导地线类典型缺陷主要表现为悬挂异物、断股、锈蚀、散股等。

（2）缺陷原因。

1）导线断股：由于石场飞石，或导线施工时受伤，经过长时间运行疲劳，或导线遗留异物磨损造成断股。按损伤程度，根据规程规定进行处理。线路附近有石场或放炮施工作业后，在大风雪舞动天气沿线路外侧进行巡视检查，容易发现此缺陷。

2）悬挂异物：在春冬季节，地膜和大棚塑料布进行更换，由于废旧塑料布固定不牢，在风力作用下到导线上，从而发生短路故障。

（3）措施及建议。

1）在专业巡视的基础上，加大技防措施的应用力度，加装视频监视装置，并适当调整环境巡视周期。

2）针对悬挂异物缺陷，运行单位需要排查周边环境，对婚庆公司、饭店、垃圾处理厂等易产生飘浮物的场所进行重点宣传，防止异物短路故障。

3）对存在断股、锈蚀缺陷的线路，运行单位应将处缺工作列入生产计划，在周期内处理完毕。

4）及时安排带电作业进行处理，或使用无人机、激光清障装置等新装备清除异物。在春冬季节，应加强电力宣传，并要求农民对通道内大棚塑料固定好后再进行拆除。

4. 接地装置类缺陷

（1）典型缺陷。接地装置类典型缺陷主要表现为接地装置断裂、腐蚀，接地电阻不合格、接地装置接地面积不够。

（2）缺陷原因。接地装置断裂、腐蚀的主要原因：① 零部件的老化；② 人为的外力破坏，如从事农业活动、盗窃、建设施工等。

接地电阻不合格的主要原因：① 土质为岩石或沙砾，土壤电阻率较高，传统降阻方式难以奏效；② 由于自然环境发生变化后，原本阻值合格或处理后合格的杆塔有较大的接地阻值；③ 接地体锈蚀引起的接触电阻大；④ 由于杆塔地处农户承包地，接地网被旋耕机破坏。

（3）措施及建议。

1）及时更换老旧设备部件。

2）加强对外力破坏的管控。

3）对于传统降阻方式难以奏效杆塔，可以考虑使用物理降阻接地模块或石墨烯接地极等措施。针对多雷区，建议安装避雷器或对杆塔绝缘配置进行改造。

5. 金具类缺陷

（1）典型缺陷。金具类典型缺陷的主要表现为均压环破损、间隔棒跑位、金具磨损、金具锈蚀、螺栓平帽、缺螺帽、缺销钉、缺垫片等。金具磨损主要发生在山区线路或大风区，特别是线夹和 U 环是磨损最为严重点。

（2）缺陷原因。

1）均压环破损：线路发生短路跳闸，短路电流产生热效应将导线侧均压环烧伤，均压环的锌层会被破坏或直接烧出洞，经过长时间腐蚀，均压环破损。

2）间隔棒跑位：施工人员安装弹簧锁紧式免维护间隔棒时，没有拆除弹簧的顶丝，使弹簧锁紧式线夹握不住导线，在风力作用下发生跑位。

3）间隔棒支臂限位部分磨损失效：导线在风力作用下发生振动，振动能量造成支臂限位部分磨损失效，最后间隔棒失效。在大风天安排地面巡视检查，发现间隔棒变形要进行走线检查，并进行更换。此型间隔棒设计结构不合理，容易发生磨损失效。

4）耐张跳线线夹发热：由于安装耐张线夹螺栓时，螺栓力矩不够，使设备线夹的接触电阻增大，以致设备线夹发热。通过红外热像仪进行检查，发现导线在风力作用下，使设备线夹螺栓松动，要按周期进行设备线夹的螺栓紧固。紧固螺栓，并涂刷油漆防松。

5）螺栓平帽、缺螺帽、缺销钉、缺垫片：施工人员安装螺栓时，螺栓力矩不够，在风力作用下，使螺栓松动；或是施工安装时，销钉、垫片未严格按要求安装。

（3）措施及建议。

1）对烧伤严重的均压环进行更换。对运行时间长的线路，要结合登塔检查金具的腐蚀情况。

2）建议对于山区线路缩短检修周期，特别是对于山区且地处风口的线路要加强带电登检。

3）对于山区线路建议结合停电检修，将普通金具更换为耐磨金具。

4）紧固螺栓，并涂刷油漆放松或安装防松螺帽。

6. 附属设施类缺陷

（1）典型缺陷。附属设施类典型缺陷主要表现为：避雷器动作异常、计时器失效、破损、变形、引线松脱，放电间隙变化、烧伤等；防鸟装置破损、变形、螺栓松脱等；各种检测装置缺失、损坏、功能失效等；警示标示缺失、损坏、字迹或颜色不清、严重锈蚀等；防舞防冰装置缺失、损坏等。

（2）缺陷原因。警示标示缺失、损坏、字迹或颜色不清、严重锈蚀等：标示牌在自然环境下受到大气、紫外光的腐蚀而生锈，对腐蚀严重的应进行更换处理。对海边和强酸碱污染源附近，运行在 15 年及以上的线路要结合巡检进行检查。

（3）措施及建议。由于杆号牌、相位牌、警示牌和色标均为安全标识，各单位应及时结合日常巡视周期集中处理，避免出现安全事故。

7. 通道环境类缺陷

（1）典型缺陷。通道环境类典型缺陷的主要表现为：树木和房屋对导线距离不够、线路走廊内有大型机械施工、线下有人钓鱼等。

（2）缺陷原因。

1）导线对树木距离不够：线路通道内树林向导线方向生长而造成树线安全距离不够，或因大风天气导致的风偏跳闸事故。

2）大型机械施工：吊车等大型机械操作人员缺乏安全意识，无视带电导线，违规进行施工。

3）线下钓鱼活动：对于鱼塘等区域，未安装警示标志，人员意识不到位。

（3）措施及建议。

1）及时与园林部门和市管委等单位沟通，提高解决树木问题的效率，并对线下违章建房加以控制。

2）强化定期巡视效率，及时发现对地距离不够等问题。

3）安装警示标志和限高架、安全围栏等装置，并结合在线监测设备进行实时监控。

## 二、报告编写

为保证无人机巡检成果的安全及有效，需要熟练掌握无人机巡检报告编制要求、内容和注意事项。报告内容主要包括无人机巡检概况、缺陷汇总以及缺陷明细等部分。其中无人机巡检概况主要包括巡视任务、电力设备名称、巡视区段、巡视负责人、飞机型号、巡视时间等信息；缺陷汇总主要包括缺陷分类分级、缺陷数量等信息；缺陷明细主要包括线路名称、杆塔号、巡视方式、缺陷等级、缺陷描述以及缺陷图片等信息。